农业

文化百科

以农振兴经济

李玉梅 编著 胡元斌 丛书主编

汕頭大學出版社

图书在版编目（CIP）数据

农业：以农振兴经济 / 李玉梅编著. -- 汕头 ：汕
头大学出版社，2015.2（2020.1重印）
（中国文化百科 / 胡元斌主编）
ISBN 978-7-5658-1579-9

Ⅰ．①农… Ⅱ．①李… Ⅲ．①农业史－中国 Ⅳ．
①F329

中国版本图书馆CIP数据核字（2015）第020750号

农业：以农振兴经济　　　　　NONGYE：YINONG ZHENXING JINGJI

编　　著：李玉梅
丛书主编：胡元斌
责任编辑：汪艳蕾
封面设计：大华文苑
责任技编：黄东生
出版发行：汕头大学出版社
　　　　　广东省汕头市大学路243号汕头大学校园内　邮政编码：515063
电　　话：0754-82904613
印　　刷：三河市燕春印务有限公司
开　　本：700mm×1000mm 1/16
印　　张：7
字　　数：50千字
版　　次：2015年2月第1版
印　　次：2020年1月第2次印刷
定　　价：29.80元
ISBN 978-7-5658-1579-9

前言

  中华文化也叫华夏文化、华夏文明，是中国各民族文化的总称，是中华文明在发展过程中汇集而成的一种反映民族特质和风貌的民族文化，是中华民族历史上各种物态文化、精神文化、行为文化等方面的总体表现。

  中华文化是居住在中国地域内的中华民族及其祖先所创造的、为中华民族世世代代所继承发展的、具有鲜明民族特色而内涵博大精深的传统优良文化，历史十分悠久，流传非常广泛，在世界上拥有巨大的影响。

  中华文化源远流长，最直接的源头是黄河文化与长江文化，这两大文化浪涛经过千百年冲刷洗礼和不断交流、融合以及沉淀，最终形成了求同存异、兼收并蓄的中华文化。千百年来，中华文化薪火相传，一脉相承，是世界上唯一五千年绵延不绝从没中断的古老文化，并始终充满了生机与活力，这充分展现了中华文化顽强的生命力。

  中华文化的顽强生命力，已经深深熔铸到我们的创造力和凝聚力中，是我们民族的基因。中华民族的精神，也已深深植根于绵延数千年的优秀文化传统之中，是我们的精神家园。总之，中国文化博大精深，是中华各族人民五千年来创造、传承下来的物质文明和精神文明的总和，其内容包罗万象，浩若星汉，具有很强文化纵深，蕴含丰富宝藏。

  中华文化主要包括文明悠久的历史形态、持续发展的古代经济、特色鲜明的书法绘画、美轮美奂的古典工艺、异彩纷呈的文学艺术、欢乐祥和的歌舞娱乐、独具特色的语言文字、匠心独运的国宝器物、辉煌灿烂的科技发明、得天独厚的壮丽河山，等等，充分显示了中华民族厚重的文化底蕴和强大的民族凝聚力，风华独具，自成一体，规模宏大，底蕴悠远，具有永恒的生命力和传世价值。

在新的世纪，我们要实现中华民族的复兴，首先就要继承和发展五千年来优秀的、光明的、先进的、科学的、文明的和令人自豪的文化遗产，融合古今中外一切文化精华，构建具有中国特色的现代民族文化，向世界和未来展示中华民族的文化力量、文化价值、文化形态与文化风采，实现我们伟大的"中国梦"。

习近平总书记说："中华文化源远流长，积淀着中华民族最深层的精神追求，代表着中华民族独特的精神标识，为中华民族生生不息、发展壮大提供了丰厚滋养。中华传统美德是中华文化精髓，蕴含着丰富的思想道德资源。不忘本来才能开辟未来，善于继承才能更好创新。对历史文化特别是先人传承下来的价值理念和道德规范，要坚持古为今用、推陈出新，有鉴别地加以对待，有扬弃地予以继承，努力用中华民族创造的一切精神财富来以文化人、以文育人。"

为此，在有关部门和专家指导下，我们收集整理了大量古今资料和最新研究成果，特别编撰了本套《中国文化百科》。本套书包括了中国文化的各个方面，充分显示了中华民族厚重文化底蕴和强大民族凝聚力，具有极强的系统性、广博性和规模性。

本套作品根据中华文化形态的结构模式，共分为10套，每套冠以具有丰富内涵的套书名。再以归类细分的形式或约定俗成的说法，每套分为10册，每册冠以别具深意的主标题书名和明确直观的副标题书名。每套自成体系，每册相互补充，横向开拓，纵向深入，全景式反映了整个中华文化的博大规模，凝聚性体现了整个中华文化的厚重精深，可以说是全面展现中华文化的大博览。因此，非常适合广大读者阅读和珍藏，也非常适合各级图书馆装备和陈列。

目 录

井田之制

均田流变

井田之制

春秋战国是我国历史上的上古时期。这一时期，农作物品种的增多和铁农具的广泛使用为精耕细作创造了有利条件。

我国传统农业的特点，是人们想方设法从选种、播种、中耕除草、灌溉、施肥一直到最后的收获都给农作物创造最好的生长条件，也就是通过精耕细作，来实现提高单位面积产量的目的。而这一优良传统，早在我国春秋战国时期已经逐渐形成了。

随着井田制度的解体和土地私有制度的确立，我国的农业历史又跨入了新的阶段。

夏代农业与井田制雏形

夏朝是我国历史上第一个奴隶制王朝。夏代的农业在原始农业的基础上取得了巨大的成就。

夏朝对农业非常重视，其农耕技术水平较以前有了显著提高。夏朝发明了前所未有的生产工具，农作物品种也比以前增多了，还发明了用以指导人们生产活动的历法。此外，还出现了畜牧业和手工业。

夏朝出现了井田制的雏形。夏代的农业发展，开创了我国农业历史的先河，奠定了我国古代农业的良好基础。

夏朝的中心地区位于黄河中游，气候适宜。当时的农作物是谷、黍、粟、稷、稻等。主食是将黍、粟、稷、稻煮成稀粥、浓粥食用，社会上层则多食干饭。

在对多处二里头遗址的考古发掘中，都发现了黍壳、稻壳的遗存。证明了夏代农作物品种已经很多。

夏代的农作物以"畎亩法"进行种植，就是在两垄之间留一条沟，庄稼种于垄上。这种耕作技术，使农作物产量迅速提高。

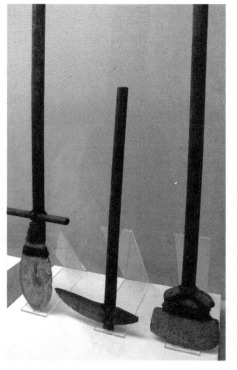

这时的主要收割工具有石刀、石镰和蚌镰等。二里头遗址出土的石刀正面呈梯形，上有两面对穿的圆孔，一面刃，样式很像后世北方掐谷穗用的农具"铁爪镰"。

二里头遗址还出土了一些弯月形的石镰和蚌镰，这也是那个时候的主要收割工具。石镰和蚌镰不仅能收割谷穗，而且连谷物的秆也可以收回来，可见那时的农业已脱离了原始状态。

夏代翻地的工具主要是木耒和石铲。在二里头遗址的房基、灰坑和墓葬的壁土上能看出木耒留下的痕迹。耒是木质的，从壁土上遗留的痕迹来看，它的形状大体是在木柄的一端分成双叉，主要用来掘土。古书上也有大禹"身执耒臿"的记载。

在夏代，水利技术有了发展。《论语·泰伯》载禹"尽力乎沟洫"，变水灾为水利，服务农耕。夏代水利技术主要表现在水井的使

用比以前有所增多。

在河南省洛阳锤李、二里头遗址都发现了水井。锤李遗址的水井是圆形的，口径1.6米，深6米多，在这口古井中发现有高领罐、直领罐等遗物，可能是当时汲水落井遗留的器物。

二里头遗址有一口井，它是长方形的，长1.95米，宽1.5米，井深4米以上，井筒是光滑的直壁，证明它不是窖穴。壁上有对称的脚窝，那是为了掏井和捞拾落井器具而挖的。

在当时，水井的使用可以改变那种追逐水源、迁徙不定的生活，使人们有可能长期定居在一个地方，而定居生活又是农业发展的一个非常重要的条件。水井还可以浇地，不过，当时的条件不可能出现大面积的水浇地。

夏代先进的历法《夏小正》，是指导当时人们进行农业生产的重要依据。在先秦古籍中，往往提到"夏时"，指的就是夏代历法。夏

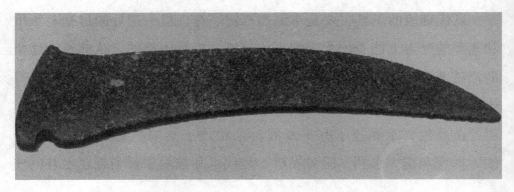

代历法按月记录了时令物候，用以指导农业生产活动。

夏代历法是根据尧舜时代"观象授时"的原则，在观察天象的基础上形成的。它根据北斗七星斗柄旋转的规律，确定一年12个月，以斗柄指向寅的正月为一年开始的第一个月。

以建寅之月为岁首。夏朝已经开始使用干支记日，夏朝最后几个国王如孔甲、履癸等便是以天干来命名的。

《夏小正》按月记录了时令物候，对农业生产的安排有密切关系。后代的历法，从形式到内容，都承袭《夏小正》而加以发展。

如《吕氏春秋》中的十二月纪，即收在《礼记》中的《月令》，就是承袭《夏小正》的。汉朝崔的《四民月令》，也在一定程度上承袭了《夏小正》。历代的历法都和《夏小正》有承袭关系。

制陶业在夏代可能已经成为一个极为重要的独立的行业。只有农业的相当发展，制作大型容器才成为必要。

在二里头遗址出土的大口尊、瓮以及大陶罐等，与龙山文化早期、中期的器物相比，它们确实成了庞然大物。这些大型器物，有一些应是贮存食物的用具。

至于青铜器，我国已经在二里头遗址发现了铜刀。如果二里头遗址文化被认为是夏朝时期的文化，那么这件青铜器就是夏朝时期的。

夏代青铜器的形式非常接近陶

器。夏代铸造青铜的历史不长，青铜器没有形成一个好的规范，所以它有点像陶器的样子，跟夏代出土的陶器样式差不多，比较原始，它没有好多花纹，有小圆点，刻画简单的线条。

在二里头遗址的一些墓葬中，还发现有细长的觚、有带管状流的盉，以及那种3个空足、有耳有流的鬶等专用酒器，足见当时饮酒风气十分盛行。

有的文献上记载说，古时候用黄米做"酒"是夏朝第六个国王少康发明的。酿酒的主要原料是粮食，没有相当多的粮食收获，大量酿酒是不可能的。从考古发掘佐证的夏代专用酒器的普遍出现，就可以推测当时粮食产量的概况。

传说禹的大臣仪狄开始酿造酒，夏后少康又发明了秫酒的酿造方法。新石器时代后期中原文化中的龙山文化就有了酿酒的习惯，到了

生产力更强的夏代，酿好酒、饮好酒变成了一种权力和财力的象征。

古文献中记载到的"杜康造酒"、"仪狄作酒"、"太康造秫酒"、"少康作秫酒"等传说都可以佐证酒在这个时期的重要性。

夏代还出现了畜牧业，有一些专门从事畜牧业的氏族部落。如有扈氏在甘这个地方战败后，被贬为牧奴从事畜牧工作。马的饲养得到很大重视。

夏代存在着公社及其所有制即井田制度，是大多数史学家的一致看法。此外，有很多史料表明，夏代确已出现了"井田"的格局。

《左传·哀公元年》记载，少康在"太康失国"后投奔有虞氏，"有田一成，有众一旅"，后来夺回了夏的权位。这里所说的"一成"，当是《周礼·考工记·匠人》所说的"方十里为成"的"成"。一井就是一里，"方十里为成"的"成"，就是百井。

《汉书·刑法志》又说：

地方一里为井，井十为通，通十为成，成方十里；成十为终，终十为同，同方百里；同十为封，封十为畿，畿方千里。

这段话虽然说的是殷周之制，但从这里所说的"成方十里"、

"成十为终"是区划土地的单位名称看来，使我们可以肯定，《左传·哀公元年》中的"有田一成"的"成"，反映了夏代井田制的存在。其他古代文献中也多谓井田之制，"实始于禹"，这也是个证明。

由以上考证可知，后世的井田制度在夏代就已经存在，只是当时还没有大规模推广而已。

拓展阅读

杜康是黄帝手下管理粮食的大臣。因连年丰收，粮食越打越多，于是，杜康把打下的粮食全部装进树林中的枯树洞里。粮食在树洞里慢慢发酵。

一年后，杜康上山查看粮食，发现那些树洞裂开了缝并往外渗水，还有一股清香的气味，就不由得尝了几口。还用尖底罐装回一些，想让皇帝也尝尝。

黄帝仔细品尝了杜康带来的味道浓香的水，命仓颉给这种香味很浓的水取个名字。仓颉随口造了一个"酒"字。后世人为了纪念杜康，便将他尊为"造酒始祖"。

商代农业及其管理形式

商朝又称殷、殷商，是我国历史上第一个有同时期的文字记载的朝代。商代的农业生产很发达，从商代甲骨文卜辞中反映的情况来看，农业已经成为了社会的主要部门，在生产和生活中占有十分主导的地位。

与农业密切相关的历法、酒业、园艺业和蚕桑业、畜牧业及渔猎都有一定的发展。

商代的土地制度，已经形成了以商王为奴隶主贵族代表的土地私有制度。

商朝农业生产已成为社会生产的主要部门。甲骨文卜辞中大量记载了商朝人的农事活动，几乎包括与农业有关的各个方面。

卜辞中有大量"受年"、"受黍年"、"受稻年"等类词句。由卜辞可知，商代的主要农作物有禾、黍、稻、麦等。

在卜辞中，粮食作物的总称为"禾"。其中最主要的是"黍"，也就是现在的"大黄米"。商代的麦就是今天的大麦。

农业生产过程中使用的工具主要还是木器、石器和蚌器。木器包括"耒"和"耜"，这两种工具，都是用树枝加工而成。甲骨文中的"藉"字像人手持耒柄而用足踏耒端之形，说明耒耜在农业生产中发挥重要作用。

石制农器当时还在大量应用，如石铲、石镰等。至于谷物加工工具石磨、石碾、石碓，更是普遍存在。蚌器、骨器非常多，如骨铲、蚌镰等。

商代盛行火耕，用火来烧荒。在商代，在荒林茂草之中，野兽到处出没，除了使用这种放火烧光的方式，当时恐怕也没有其他的办法。农夫们等大火熄灭之后，把土地稍加平整，在灰土中，播下种子，变荒田为可耕地。

这种焚田的方法表明，即便商朝人定居于某处，他们的耕种地点也不是永远固定于一处的。他们今年焚田及耕种于此，明年则焚田及

耕种于彼，也就是要经常性地"抛荒"。

在卜辞中，关于改换耕作地点的记载是随处可见的："甲辰卜，商受年。""庚子卜，雀受年。""口寅卜，万受年。"这里所说的某地受年，是卜问应该在某地耕作才能得到丰收的回答，这种卜问大多于耕作之前进行。

此外，卜辞中还经常出现询问方位，而不是卜问固定地点的卜辞："癸卯贞，东受禾。""西方受禾。""北方受禾？""西方受禾？"所谓某方受禾，是卜问在什么方位耕作始获丰收的意思。这证明，每年的耕作地点都有变化，这是一种"抛荒"农业。

有人根据卜辞的内容进行研究，认为商代已在农田里施用农肥，并已有贮存人粪、畜粪以及造厩肥的方法。加之能清除杂草，使农作物的产量得以提高。收获的粮食被贮藏起来，所以卜辞中出现了"廪"字。

在殷墟的考古发掘中，发现了许多当时的窖穴，其中的一部分是用来储存粮食的。这种窖穴的底与壁多用草拌泥涂抹，底部还残留绿灰色的谷物的遗骸。有理由认为：以农业为主的自然经济在商王朝时期已经形成，

历法主要是为农业服务的。商朝人的历法发

达。在甲骨文中，有世界上最早的日食、月食的记载。武丁时期的卜辞中有一条："庚申，月有食。"

经天文学家推断，公元前1311年10月24日这一天的凌晨，确实发生了一次月食，可见这条记载是有根据的。

用六十干支记日是从商代开始的。自商的先祖王亥起，商朝人开始用干支命名。在殷墟甲骨文中，发现了六十干支表。商朝人以10日为一旬，每旬的最后一日，要进行卜旬。在商朝人的历法中，以月亮盈亏一次为一个月，月份已经有大小之分。商朝人以12个月为一年，并且出现了闰月。

商代的历法已经脱离了单纯的太阴历，而是一种阴阳合历。太阴历以月亮盈亏一次为一月；太阳历以地球绕日一周为一年。这样，一年如果仅有12个月的话，每年要差出10天左右。

商朝人解决的办法，就是过一定的年份，就设置一个闰月，闰月放在年底。商朝人置闰，先是3年一闰，5年两闰，最后，使用17年七闰的办法。

卜辞中把一年的时间称为一祀，这是因为商朝人迷信，每年都有一次祭祀。甲骨文中的"年"字，跟现在的"季"字差不多，上面是个"禾"字，下半部是个"人"字，好像是人背着一捆禾，象征着每年收获一次。

商代酿酒业发达，甲骨文中有很多关于酒的字。商代的酒有很多品种。如"醴"，是用稻制作的甜酒；"鬯"，是用黍制作的香酒。

《尚书·酒诰》记载，人民嗜酒，田逸，以致亡国，可见嗜酒风气之盛。现已出土的商代酒器种类繁多。这反映出商代青铜铸造业的空前发达。酿酒业及酒器铸造技术的发展，从一个侧面反映了商代农业生产的发达。

商代园艺和蚕桑业亦有发展。卜辞中有"圃"字，即苗圃；有"囿"字，即苑囿。当时的果树有杏、栗等。

卜辞中又有"蚕、桑、丝、帛"等字，商代遗址中还出土有玉蚕及铜针、陶纺轮等物。在出土的青铜器上有用丝织物包扎过的痕迹，从出土的玉人像上也可看到其衣服上的花纹。可见商代的蚕桑业及丝织业已较发达。

商朝人在农业发展的同时，畜牧业也越来越兴旺了。在已经驯养的马、牛、羊、猪、狗、鸡这"六畜"中，马、牛、羊的数量有了惊人的增长。

马是商王室及其贵族、官吏在战争与狩猎时使用的重要工具，因而受到特别重视。它有专职的小臣管理，驱使成批的奴隶饲养。从商代甲骨文中看到，武丁以后至纣王时期，商代的战争是非常频繁的，规模也是很大的，最大的一次可动用一万余名士卒。马是作战与运输的工具，每次动用的数量也是很大的。

当时还用奴隶饲养成群的牛羊，主要供食用和祭祀。商王和大贵族每次祭祀，用牲的数目都相当惊人，少则几头，多则几十、几百，甚至达到上千头。

此外，还大量饲养猪、狗、鸡等动物。它们既是当时人们获取肉食的主要来源，也是祭祀用的供品。另外还有鹿、象等，商代遗址中已发现象的遗骸。据记载"商朝人服象，为虐于东夷"，说明在征伐东夷的战争中，商朝人一度还使用象队。

商代时的黄河下游中原地区，气候温和，雨量充沛，并有广大的森林、草原、沼泽、湖泊，故作为农业、畜牧业补充的渔猎也很发达。

卜辞中有"王鱼"、"获鱼"的记载，商代遗址中也出土过许多鱼类、蚌类的遗骸。捕鱼的方法主要有网罟、钩钓、矢射等。

卜辞中又有"王田"、"王狩"、"获鹿"、"获麋"、"获虎"、"获兕"及"获象"的记载。狩猎方法主要有犬逐、车攻、矢射、布网设陷甚至焚山等，猎获野兽的种类和数量相当惊人。商王一次田猎获鹿可多达348头，获麋最多的是451头，足见其规模之大。

在卜辞中，与土地有关的文字非常多，如"田"字，就很常见。"田"字表明在广平的原野上整治得整齐规则的大片方块土地。"疆"字象征丈量和划出疆界的田地。至于"畴"字，"田"与"寿"联合起来表示"长期归属农家耕作的田地"。田间按行垄犁耕，往返转折，这样的田畴当然不会耕作得很粗放。每个小

方块代表一定的亩积，也是奴隶们的耕作单位。当时的农田已有规整的沟洫，构成了原始的灌溉系统。这些方块田，就是后来的井田。

商朝的土地归王所有，一部分土地由商王分赐给其他奴隶主作"封邑"，供臣下享用，就是商代奴隶制度下形成的土地制度。

拓展阅读

伊尹在商汤手下主持国政，致力于发展经济。他建议商汤减轻征赋、鼓励生产。商汤采纳了他的意见，使生产得以发展，百姓安居乐业。

伊尹认为商业对经济的发展很重要，他建议商汤要尽可能地促进商品的流通。商汤接受了他的意见，商朝呈现出了生产发展、经济繁荣的局面。伊尹在辅佐商汤灭夏建国的过程中也发挥了重要作用。

春秋战国时期的农业

春秋战国时期，诸侯争霸，战乱纷起。各路诸侯对于农业生产的重要性已经有了深刻的认识，一些诸侯国提出了"耕战"的口号，并通过一些政策，鼓励农民发展农业生产，支援战争。

在当时，铁农具逐渐代替青铜工具而广泛使用，兴修了众多水利工程，传统的精耕细作技术已初步形成，大大推动了农业的发展。

在土地制度方面，封建土地私有制度战国末期已经逐渐形成。

春秋战国时期，粮食作物最主要的有：粟、黍、稻、麦、粱、菽、麻等。农作物产量有了提高。在一般年景下，一市亩的田地约可产粟9斗6升多，最好的年成，可以产3石8斗5升。

春秋战国时期的铁农具，最初只是在木工具上镶铁刃，但因冶炼技术水平所限，多为白口铁，铁中的碳以极脆硬的碳化铁形式存在，农具易断裂。后来，随着铸铁柔化技术的出现，白口铁可退火处理成韧性铸铁，农具强度逐渐提高。

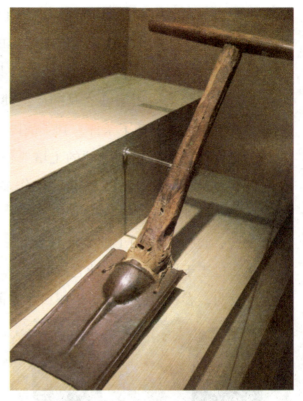

《山海经》中记载，有明确地点的铁山共37处。考古材料说明，北自辽东半岛，东至海滨，南至广东，西到陕西、四川，包括当时七国的主要地区，都有战国时期的铁器出土。

春秋战国时期，犁逐渐代替了耒耜，牛耕逐渐代替了人耕。牛耕大大提高了耕作效率，解放了劳动人手，牛耕的逐步推广是耕作技术的巨大进步，是我国古代耕作技术史上的一次革命。

春秋战国时期的精耕细作技术有了很大提高。《吕氏春秋》中的《任地》等篇是先秦文献中讲述农业科技最为集中和最为深入的一组论文，论述了从耕地、整地、播种、定苗、中耕除草、收获以及农时等一整套具体的农业技术和原则，内容十分丰富。《任地》等篇的出现，标志着传统的精耕细作技术已初步形成。

这一时期的精耕细作主要有以下的一些技术特征：

一是提倡深耕。由于铁农具的广泛使用和牛耕的出现，为农业生产中实现精耕细作准备了条件。到了战国时期，深耕得到广泛提倡。

在《任地》中提出：刚硬的土壤要使它柔软些，柔软的土壤要使它刚硬些；休闲过的土地要开耕，耕作多年的土地要休闲；瘦瘠的土地要使它肥起来，过肥的土地要使它瘦一些；过于着实的土地要使它疏松一些，过于疏松的土地要使它着实一些；过于潮湿的土地要使它干爽些，过于干燥的土地要使它湿润些。

这表明，春秋战国时期，土壤耕作方面已积累了丰富的经验。

二是实行垄亩法。就是在高田里，将作物种在沟里，而不种在垄上，这样就有利于抗旱保墒。垄应该宽而平，沟应该窄而深。对于垄的内部构造，则要创造一个"上虚下实"的耕层结构，为农作物生长发育创造良好的土壤环境。

三是消灭"苗窃"。就是消灭由于播种过密，又不分行而造成的苗欺苗，彼此相妨现象。为此，播种量要适当，不要太密，也不要太稀。而且要因地制宜地确定播种密度。这是有关合理密植原则的最早论述。

在株距和行距上，要求纵横成行，以保证田地通风，即使是大田的中间，也能吹到和风，而不致郁闭。这表明当时已有等距全苗的观念。

在覆土要求上，覆土厚度要适当，既不要过多，也不要大少。在间苗除草上，间苗时要求间去弱苗，并与除草同时进行。

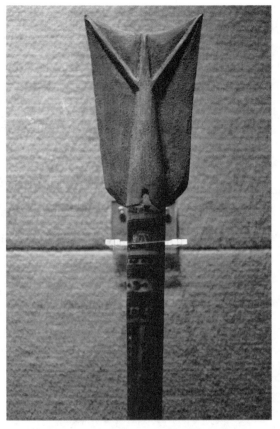

四是审时。农业生产的一大特点是强烈的季节性。以耕期而言，土质不同，耕作期也有先后，土质黏重的"垆土"，应当先耕，而土质轻松的"靹土"，即使耕得晚些，也还来得及。

为了确定适耕期，《吕氏春秋》中总结了看物候定耕期的经验，指出："冬至后五旬七日，菖始生，菖者，百草之先生者也，于是始耕。"这是以菖蒲出生这个物候特征，作为适耕期开始的标志。

除了上述特点之外，春秋战国的农业技术还出现了一些引人注目的现象，如多粪肥田、连种制、防治害虫等，尽管当时还处于雏形阶段，但却为后来的发展奠定了基础。

春秋战国时期，各大诸侯国都很注意水利工程的兴修，或修筑堤防，或开凿运河，或兴建灌溉、排涝工程。这些工程的修建促进了农业生产和商业、交通的发展。

春秋末期，吴王夫差为了北上争霸，在长江至淮河间开凿运河邗沟，这是我国最早的有文献记载的运河。邗沟便利了农业灌溉和南北交通。

战国时期，地势较低的齐国沿黄河修筑长堤，以防雨季河水泛滥。堤成后，齐国境内得保无虞。对岸的赵、魏两国由于面临洪水的威胁，也筑长堤以防洪水，这就使黄河下游两岸人民生产、生活得到一定的保障。

在这一时期兴修的水利灌溉工程中，最著名的是蜀太守李冰主持修建的都江堰和秦王政时候修建的郑国渠。

都江堰位于岷江中游的灌县。李冰组织修建了防洪、灌溉和有利于航运的都江堰，可以灌溉农田300万亩，使成都平原成为丰产地区。

郑国是韩国的著名水工，后来到秦。在他的主持下用了十几年时间，组织了数十万民工兴修了引泾水入洛河的水利灌溉工程。干渠长达300余里，

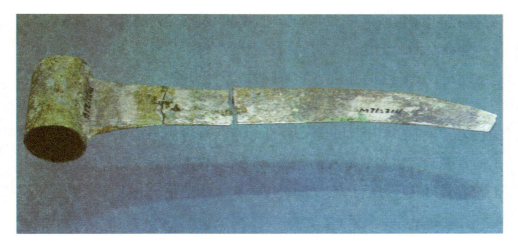

灌溉面积4万顷，既便于交通，又使关中成了肥壤沃野。

随着铁制农具的使用，牛耕的推行，以及水利灌溉工程的建设，社会生产力迅速发展，各诸侯国实行变法改革，"废井田、开阡陌"，开垦新荒地，利用撂荒地，成为各诸侯国变法改革的重要内容。

大量新荒地被开垦出来，撂荒地被充分利用起来，井田以外的私田不断增加，奴隶们的反抗也在不断加剧，作为奴隶制土地制度基本特征的井田制，逐渐趋向瓦解，土地私有制度迅速发展起来。

西周末期，周宣王宣布"不籍千亩"成为西周王畿内的井田趋向崩溃的标志。在古代农业被看做国之本，天子为了表示对农业的重视，在春耕的第一犁的开犁仪式必亲身而为，这就是籍千亩的来历，也叫"籍田"。周宣王对于只要耕一垅土这样的事也不愿去做去完成，导致民心离散。

魏国是变法改革较早的诸侯国，李悝变法时，将"废沟洫"作为变法改革的重要内容，加速了井田制的崩溃。秦国是变法改革比较彻底的诸侯国，商鞅变法时，"废井田，开阡陌"，促进了井田制的瓦解。楚国在吴起变法时，以政治强制手段变革土地制度，强令奴隶主贵族离开世袭领地，迁徙到边远地区从事开荒，彻底破坏了井田制。

春秋时期，土地私有制的初步发展，很多土地转为私有，包括采邑或赐田，贵族之间互相劫夺的土地以及开垦的荒地等。

战国时期，随着封建地主在斗争中的胜利，他们利用所掌握的政治权力，采取了一系列的政策措施和手段来巩固土地私有制。官府把土地赏赐给官吏和有军功的人，他们可以自由买卖土地而成为地主，工商业者以其所获得的利润购置土地而成为地主。到了战国末期，土地私有制就已经确立了。

拓展阅读

李冰受到重视农业生产和水利建设的秦昭襄王的重用，被派到蜀郡去做太守。

李冰到蜀郡后，立即着手了解民情。他看到成都平原广阔无边，土地肥沃，却人烟稀少，非常贫穷。原来是岷江年年泛滥所致。

李冰决心要征服这条河流，为当地的老百姓谋福。经过对岷江流域进行了全面考察和周密策划，李冰决定修筑一个免遭水淹的系统工程，后来，终于修成了名垂千古的都江堰。

李冰一心为民，千百年来一直受到四川人民的崇敬，被尊称为"川主"。

均田流变

秦汉至隋唐是我国历史上的中古时期。

这一时期，耕地面积、农作物品种及农业人口的增加，为生产的发展创造了条件；犁耕的普及，极大提高了生产效率；历法的编订与完善，服务了农业生产；灌溉水网的修建与完善，在抗旱排涝中发挥了重要作用；精耕细作传统的形成，保障了农作物的产量；农牧业格局的调整，体现出农业经济的多样性。

另外，各个朝代的土地制度，也为农业的发展创造了条件，体现出鲜明的时代特征。

秦代农业生产和土地制度

秦朝是由战国后期一个诸侯王国发展起来的统一大国，是我国封建社会的第一个统一王朝。秦代在农业生产力水平和农业生产产量两个方面都超过了以前。

在土地制度方面，秦初承认土地私有，同时保留一定数量的休耕地，以法律形式在全国确认土地私有，并制订了相应的赋税制度。

土地私有制的建立，在当时有利于社会经济的恢复和发展。秦代土地制度的逐步完善，体现了封建土地制度初建时的特点。

秦自商鞅变法以后，历代国君都把农业作为治国之本，非常重视水利建设，推广铁器和牛耕。战国时代所修建的都江堰灌溉系统、郑国渠，以及其他数以万计的陂池沟渠，直到秦统一后仍在发挥作用。

秦代配合水陆交通建设，又在陇西、关中、黔中、会稽等郡修建了大批新的水利设施，使更多的农田得到灌溉，提高了单位面积产量。

铁农具在战国已普遍使用，秦代的铁农具又有发展。近年考古发现大量秦时期的铁犁铧、铁臿、铁锄、铁镰等，不但分布广泛，而且器形有所改进。

秦政府设置有"左采铁"、"右采铁"等专管铁器生产和使用的官吏，足见对于铁器的重视。

牛耕与铁农具在战国时期才广泛推行起来，秦国是使用牛耕和铁农具的先进国家之一，这和西周时就在这个地区使用马耕或牛耕的历

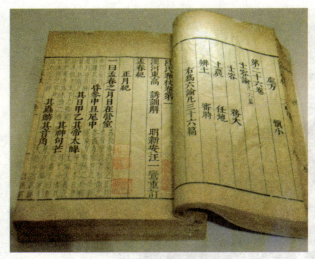

史不无关系。

秦国对于耕牛很是重视，在法律中规定有评比耕牛饲养的条文。在云梦秦简中，《秦律》规定对偷盗耕牛的人必须判罪。并规定厩苑所饲养的牛必须达到一定的繁殖率，完不成任务的要受处罚。而且定期进行考课，对饲养好的予以奖励，饲养差的给予处分。如此的重视耕牛，农业生产自然会不断发展。

铁农具和牛耕的使用，为开垦荒地、深耕细作、增加耕作效率提供了便利条件，使得秦代的耕作技术在战国的基础上进一步提高。

秦简中提到应根据不同的农作物决定每亩播种的数量，说明当时人们已经知道合理种植。另外，《秦律》也对如何搞好田间管理，保护农作物生长作了若干规定。

特别是秦始皇的相国吕不韦主编的《吕氏春秋》，其中《任地》、《辨土》、《审时》等编，是记载农业耕作技术的专著，记载了改良土壤、适时种植、间苗保墒、除草治虫等方面的经验和知识。

汉初流传的《耕田歌》道："深耕概种，立苗欲疏；非其种者，锄而去之。"实为耕作经验之谈。这首歌在秦代应已产生。

农业生产力的提高，必然带来农业生产产量的增加。秦时的农业产量，无论就单位面积产量或总产量来说，都比战国时期其他国家高的。从秦国粮仓的设置和变化情况，最能反映秦国农业经济的发展状况。

中原地区是秦代粮食的主要产区，封建政权在这一带的存粮也非常之多。据《史记·郦生陆贾列传》载，秦末陈留尚有秦积粟数千万石。楚汉决战前夕，彭越攻下昌邑旁20余城，得谷十余万斛。

秦建于荥阳、成皋间的敖仓是当时最有名的粮仓，积粟甚多。刘邦曾据敖仓之粟打败了项羽，后来英布叛汉时，仍有人提出据敖仓之粟是成败的关键。可知秦汉之际10多年间，敖仓之粟取之不竭，其存粮是非常多的。

巴蜀地区也是秦代的重要产粮区，《华阳国志·蜀志》说：刘邦自汉中出三秦伐楚，萧何发蜀，汉米万船，而给助军粮。

《史记·高祖本纪》还记载，因汉初饥荒严重，刘邦遂令民就食蜀汉。说明秦汉纷扰之际，这里的粮食积累仍然丰富，农业生产相对稳定。

秦国的粮食不仅供给本国人们食用，而且还大量外运。早在公元前647年，晋国发生饥荒，晋君向秦穆公借粮。当时秦向晋输粮的场面是：在秦都雍至晋都绛的水路上，载粮食的船只绵延不断，其规模之大，好像一场战争。因此，历史上将这次输粮称之为"泛舟之役"。

秦生产的粮食，不仅可以满足其迅速增长的人口食用，而且还大量用来酿酒。

由以上论述不难发现秦国的农业经济是相当发展和繁荣的，特别是在秦统一中国的初

期。正因为秦以谷物种植业为主的农业经济颇为发达，才使得秦有雄厚的经济基础，与东方诸国抗衡、争霸，并最终统一天下。到秦灭亡以后，汉也不得不承认"秦富十倍于天下"。

秦代的土地制度，是由国有土地和私有土地两部分构成的。国有土地是封建国家政府所有直接经营的土地，一般被称作官田或公田。这种土地遍及全国各地。另外未被私人开发占有的山林川泽、未被开垦的草地和荒地，也都属于封建官府所有。

国有土地有两种类型，一是封建官府直接占有和经营的官田或公田，二是封建皇帝、皇室占有和经营的官田和公田。如散布在全国各地的宫院、苑囿、行宫、园林、池沼、围场、陵地以及籍田、牧地等。

私有土地指的是私人占有的土地，亦称民田或私田。秦王朝统一

全国后，于公元前216年公布"黔首自实田"的法令。

法令要求：平民自报所占土地面积，自报耕地面积、土地产量及大小人丁。所报内容由乡出人审查核实，并统一评定产量，计算每户应纳税额，最后登记入册，上报到县，经批准后，即按登记数征收。

按照这一法令，缴纳赋税即可取得土地所有权，其所有权得到国家法律的承认与保障。这

样，秦朝也就以国家统一法令的形式，土地私有制在我国历史上确立起来。促进了地主经济的进一步发展。

私有土地又为地主私有和小土地所有两种形式。地主私有就是拥有较多土地。他们的土地来自赏赐、侵占、巧取、豪夺以及购买等。小土地所有就是直接生产者和自耕农拥有小块土地。

小土地所有者除原来的自由农民外，多系从农奴解放出来占有原来份地即私田的农民，还有开荒或购买而取得土地者。

拓展阅读

秦始皇重视农业，重视土地的政策，推行重农抑商政策。

他不但下令占有土地的地主和自耕农只要向政府申报土地数额，交纳赋税，还大力发展了全国的水陆交通，修建由咸阳通向燕齐和吴楚地区的驰道，以及由咸阳经云阳直达九原的直道，并在西南地区修筑"五尺道"。

他还开凿了灵渠，引湘入漓，联结起分流南北的湘江、漓江，沟通了长江水系与珠江水系。此外，秦始皇统一度量衡和统一币值，也为后世的经济发展奠定了重要的基础。

汉代农业及土地全面私有化

汉代分为西汉和东汉，是继秦代之后强盛的大一统帝国。汉代农业技术取得了很大进步。

农田作业的集约化，使整地、除草及不断中耕成为我国农业的标志性特征。同时，农作方式的集中和小规模农作，有助于农民在田间工作的精致和彻底。农具种类的多样化同样表明了农业的重要性。

两汉的封建土地制度，沿袭秦代的土地制度并有所发展。这些制度的最大特点，就是土地的全面私有化。西汉土地私有制的确立，对后世的影响巨大。

　　汉代农作的规模一般都不大，每个农户的平均农作规模是20至30亩。当时的田租虽然名义上要根据产量的多少缴纳，但实际上是按照土地面积征收的，因此农民就尽可能多地进行生产。

　　结果出现了连作的农作方式，即连续种植同一种作物，或者是对不同作物进行轮作，而且从一年一熟制逐渐发展出了一年多熟制。从耕作技术上说，这显然是个进步。

　　除了作物轮作外，土地的集约使用还表现为对各种蔬菜进行间作套种。我国四大农书之一的《氾胜之书》提到了瓜、薤、豆之间的间作套种。黍与桑树也可以一起种植，烧过的黍秆灰可以给桑树苗提供养料，由于桑树苗只需要很小的空间，这样做还能充分利用桑树苗之间的空地。

由于耕地的连续使用及北方生长期较短，迫使农民必须更为经济地使用土地并发展更好的农业技术。

公元前1世纪初期，在赵过的提倡下，一种称为"代田"的耕种方式受到了汉王朝关注。

采用代田法，一亩农田要被划分为若干条甽，沟中犁起的土壤则被堆在甽旁形成一尺高的垄。种子播种在甽中，在其生长过程中不断将垄上的土推入甽内苗根上。最终，垄上的土全部被推回沟内。次年，则在原来甽之间的土地上开挖新的甽。

赵过还改进了农具三脚耧车，来适应这一新耕种方式的需要，并在政府公田上进行了实验。他推广的牛耕为"耦犁"，即"二牛三人，操作时，二牛挽一犁，二人牵牛，一人扶犁而耕。

二牛三人耕作法反映了牛耕初期时的情形。在公田上实验后，结果其产量要远远高于在不做甽的农田内采用撒播的老办法。

　　《氾胜之书》提到的区种法，在代田法的基础上进一步精细化了。

　　代田法与区种法都是旱地农作技术。《氾胜之书》提到的14种作物中只有稻是水田作物。他论述了水稻的种植技术，其中一个重要特征，就是通过控制水流进入稻田的方式，来保持稻田中水深与水温的均匀。通过运用简单有效的设置，农民创造了最适宜水稻生长的环境。

　　水稻的育秧移栽措施，也是汉代农作技术之一。先在秧田内培育秧苗，再将之移植到稻田中，其长处是明显的：当其他作物还在农田

内尚未成熟时，水稻的种子已经开始在秧田内发芽了。

《氾胜之书》对选种与储种有过简单的论述。强壮、高大、高产的单穗往往被选作来年的种子。为使种子免于受热与受潮，对种子的储藏必须非常仔细。首先要让种子干透，然后放入竹制或陶制的容器中，再加入防虫效果好的草药。到来年播种时，下种之前一般采用溲种法进行处理。

《氾胜之书》中就记载了溲种法。当时有两种溲种法：一种是后稷法，另一种是神农法。

两种溲种法，虽然在做法上有些不同，但原理都是一样的。这就是在种子外面包上一层以蚕粪、羊粪为主要原料，并附加药物的粪壳，这种方法现代称之为"种子包衣技术"。

汉代农民使用的农具主要是铁制与木制的，例如耒，实际上是很原始的农具。耒耜类农具在《说文解字》中位列木农具之首，每一种都有非常独特的功能。《说文解字》还罗列了各种木农具，包括各种用于锄、犁、耙、收割、脱粒等的农具。

汉代的铁农具有锹、鹤嘴锄、犁、双齿锄、园艺锄、镰刀与长柄镰刀等。铁锹至少有4种类型，每种都有特定的名称。

犁的演变说明了农具的变化是由它的特殊功能决定的。犁的原型仅仅是一种较大的耒。当耒有了能穿透土壤的切割刃时，它实际上就变成犁了。尖刃会逐渐发展成更为有效的犁铧。后脊最终发展成为犁板，也有助于翻起土壤。

到这时犁就会太大，人拉不动，需要使用牛或马了。但是完全木制的犁适应不了牲畜的拉力，于是导致了一次重大改进，就是在犁铧上加上一个铁铧刃。

汉犁的形制并不完全一致。有些犁非常小，似乎不可能是用畜力牵引的。大型犁在翻耕新农田时非常有用。中型犁要轻便一些，两个

人就能拉动，符合对赵过推广代田法时所提倡的那些轻便农具的描述。

汉朝推广了犁的使用，尤其是在边远地区，地方官员都鼓励百姓采用牛耕。当时实行专营的铁官由于职司所在，可能的确曾经将制造铁犁视为完成其额定任务的捷径，而朝廷对犁的制造与出售，又可能推动了它的使用。

汉高祖刘邦在立国之初，就非常想实现一个天下人人耕作有其田和没有奴隶制度的理想社会。所以，他刚刚当上皇帝，且在天下尚未平定的时候，就急切地下了一道诏令，要求解放奴婢，给予这些昔日的奴隶们以庶民身份，也就是自由民身份。同时，他要求国家授田于所有从军人员，甚至包括那些昔日的秦官旧兵将们，希望天下能够人人耕作有其田。

为了稳定天下，汉高祖在土地制度上的第一项措施就是实行封建官田制和授田官田制。

官田也叫公田，是封建国家所有的土地。这种土地包括朝廷用来赏赐或赠与宗室、勋戚、功臣、百官的土地，以及宫殿、宗庙、官府、陵墓、苑囿、牧场、围场、籍田等占用的土地。

西汉朝廷将国有土地分封给公侯贵族的主要对象，主要是这样的几种人：一是同姓王侯们，这些人占据的土地份额往往很大，小则一个县，大则几个郡，就像吴王刘濞的那样，他甚至可以在自己封国内开辟矿山铸造钱币去套取其他郡县的资金；二是朝廷大臣侯爵们，就像萧何这样的一大批封侯之人，一般都是国家有功人员，或者是朝廷的重臣。

皇亲国戚和官僚地主们的土地一般都采取租赁给佃户耕作的方式，佃户给这些封地的主人交纳地租。这些封地的主人，就是这些佃户农民的首领。

对于国有土地，汉高祖也采取了相应的措施。

西汉时期存在着大量的国有土地和资产。因为按照当时的规定，凡是国家规定的田产之外的所有国家土地和河川山谷，都是国家所有。再加之军垦土地、抛荒和没收那些罪犯的土地和资产，所以，西

汉时期也有大量的国有土地和资产存在。

屯田土地制度，无论是在西汉还是在东汉，朝廷为了战争的需要，都在中原内地实行过"屯田"。这些屯田所产的粮食，主要是为了供应军队的军粮。

在自耕农土地制度方面，国家采取统一分配土地的做法。

自耕农是西汉开国初期已经获得完全自由民身份和自己具有相当田产所有权的农民，他们的土地，是西汉初期由国家统一分配给的。不同时期，国家分配土地的数量不等。汉文帝时期，自耕农的土地大约在人均60亩左右，到了汉平帝时期，也就是西汉后期，自耕农的土地就已经下降到人均13亩左右了。

西汉时期，只有自耕农的土地才算是真正的私有制田产。而区别于私有制田产的根本标志，就是自耕农可以根据自己的从业需要和职业变换，可以自由买卖土地，土地是这些自耕农的个人资产。

西汉王朝是一个奴隶解放的重要时期，汉高祖刚刚登基皇帝，他就下达诏令解放奴隶，不许可转卖奴隶。所以，自耕农土地制一直持续到新莽政权时代，都是严格执行的。

西汉后期，由于豪强仗势欺人地霸占和侵吞土地的情况越来越严重，自由民身份的自耕农大量破产，国家的安全就成问题了。所以，汉哀帝时期的大司空何武、丞相孔光和师丹三人，提出了我国历史上

首次由国家推行的土地改革运动。

这次土地改革运动，是通过行政命令，限制官吏、王侯和平民各自的田产以及家中奴仆的数量。但这项法令基本上是一纸空文，当时无法落实。

一直到了新莽时期，王莽通过强大的军政方法才最终实行了这项土改法令。但是3年之后，王莽的这次土改运动就失败了。

拓展阅读

汉武帝刚刚登上皇帝宝座时，为了发展农业生产，采取了很多行之有效的措施。

首先是大力兴修水利工程。他在位时修建了漕渠、白渠、龙首渠等多条灌溉渠，还在秦朝开成的郑国渠旁边开了6条辅渠，灌溉高地。

公元前109年，汉武帝征发数万士兵堵住了黄河决口。经过这次治理，黄河下游大约有80年没有闹过大水灾。汉武帝还大力推行屯围、屯垦等发展农业的重大措施。他还大力推行赵过的代田法和新农具等，大大促进了农业的发展。

隋代农业的发展与均田制

隋朝统一天下，为社会经济文化的发展又开辟出一个新的历史时期。在隋代，农业人口大幅度增加，农田面积空前扩大，水利设施得到修复和新的开凿，粮食单产量居世界前列，官仓和义仓遍及全国各地，土地制度方面执行计丁授田政策。

长期积累的播种、施肥、灌溉等农业生产经验得到了广泛的推广，使隋代的农业生产又上了一个新的台阶。

南北朝时，北方游牧民族与中原农业民族经过文化整合或汉化，到隋代时形成胡汉融合文化，形成了以汉族为主体的各民族融合而成的新汉族，户口数量空前庞大。

隋代以前的户口数极少，由于魏晋南北朝时期战乱相连，实际户口耗损剧烈。到隋代时期，户口数开始急剧增长，主要是因为课税轻，徭役少，加上世族政治与庄园经济的式微，人民愿意脱离世族的荫庇自立门户。

585年隋文帝杨坚下令州县官检查户口，自堂兄弟以下亲属必须分立户籍，并且每年统计一次，北方因此多出了164万余口。

609年隋炀帝杨广已经拥有南方，他又一次大检查，新附户口64万多。据《隋书·地理志》记载，隋代各郡分计数之和为全国有907万多户，大体上恢复了4个世纪以前东汉时期的户口数，而人口数达到4450万人。

隋代人口的增加，一方面是由于朝廷整顿户籍的政策所致，另一方面也实际反映了人口的增加情况。隋代人口的迅速增加，也导致了隋代的农业

生产在很短的时间内迅速发展起来。

由于隋代人口持续增长，为农业提供了大量劳动力，使垦田面积不断增加。589年耕地面积1940万隋顷，至隋炀帝时期增加到5585万隋顷。每隋亩约折合现在的1.1市亩。耕地面积的扩大，大致可以反映隋代粮食生产广度。

伴随着人口的持续增长和农田的大量开垦，隋代的水利设施得到修复和新的开凿，而且更为广泛和完善。隋炀帝开凿了大运河，大运河带来了灌溉及各种便利。除了大运河之外，隋代大规模地整修河道，从隋文帝杨坚时就开始了。

早在584年，隋朝就引渭水入潼关，长达300余里，命名为广通渠。587年，又沿着春秋时期夫差开凿的运河故道，打通了南起江都、北至江苏淮安的河道，命名为山阳渎。

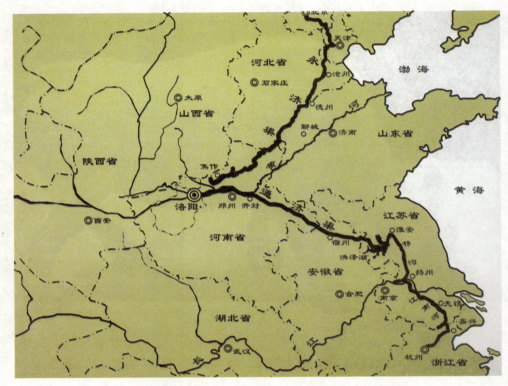

仅这两项大规模的水利工程，就在当时灌溉良田万亩，因旱灾而闹荒数年的关中平原成为肥沃乐土，江南至北方的运河航线也因此疏通。

此外，隋朝在山西蒲州和安徽寿州也修建了大规模水利工程，并整治盐碱荒田，这些北周和南陈时期的饥荒"重灾区"，皆因此变成土地肥沃的乐土。隋代农业之发达，正建基于大规模的水利建设。

隋朝致力于赋役对象与耕地面积的扩大，使国家有可能从民间征得更多的实物。当时有大量谷物和绢帛从诸州输送到西京长安和东京洛阳。在粮食充足情况下，为了储存粮食以防治荒灾，隋文帝在全国各州设置义仓与官仓。义仓防小灾，官仓防大灾。

为了保证关中地区粮食稳定，隋代在长安、洛阳、洛口、华州和陕州等地建筑了许多大粮仓，在长安、并州储藏大量布料。

为便于征集物的集中和搬运，隋代沿着漕运水道设置了广通、常平、河阳、黎阳、含嘉、洛口、回洛等诸仓。

585年，隋文帝采纳长孙平建议，令诸州以民间的传统组织"社"为单位，劝募社中成员捐助谷物，设置义仓，以备水旱赈济，由社的人负责管理。由于这是社办的仓，所以又称为"社仓"。

595年和596年，隋文帝命令西北诸州将义仓改归州或县管理。劝募的形式也改为按户等定额征税：上户不过一石，中户不过7斗，下户不过4斗。其他诸州的义仓大概以后也照此办理。义仓于是成为国家可随意支用的官仓。

经过多年搜括蓄积，西京太仓、东京含嘉仓和诸转运仓所储谷物，多者曾至千万石，少者也有几百万石，各地义仓无不充盈。两京、太原国库存储的绢帛各有数千万匹。隋代仓库的富实是历史上仅见的。反映了户口增长与社会物质生产的上升。

农业生产的基本生产资料是土地。502年，隋文帝颁布均田法。隋代的均田制度，是计丁授田的制度。

按照规定：男女3岁以下为黄；10岁以下为小；17岁以下为中；18岁以上为丁。丁受田、纳课、服役。60为老，免役。

均田法沿用北齐之制：普通农民一夫受露田80亩，一妇受田40亩，奴婢受田与良人同。丁牛一头受田60亩，以4牛为限。又每丁给永业田20亩，为桑田，种桑50棵，榆3棵，枣5棵。不宜桑的土人，给麻田种麻。桑麻田不需还受，露田则要按规定还受。其田宅，率3口给一亩，奴婢则5口一亩。

自诸王以下至于都督，皆给永业田。多者至100顷，少者30顷。京官给职分田，一品者给田5顷，每品以50亩为差，至五品则为田3顷，其下每品以50亩为差，至九品为一顷。外官亦各有职分田，又给公廨田。

这一土地制度，使农民占有的耕地有了法律上的保障，增加了农民的生产积极性。

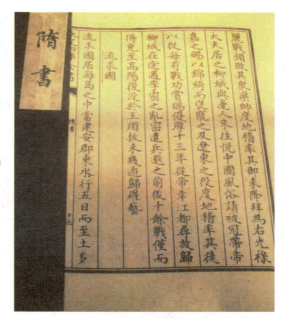

拓展阅读

　　隋文帝杨坚一贯体恤民艰，生活节俭。有一年关中大旱，隋文帝派人去视察民情。

　　出去的人从百姓那里带回了些豆屑和糠，隋文帝见后泪流满面，他对大臣们说："百姓遇到饥荒，这是我没有德行啊！今后我不再吃肉、喝酒了。"

　　他命人撤销了御宴，果然一年内酒肉不沾。皇宫内所用衣物，多是补了又补，直到不能用为止。太子杨勇，三子杨俊都因生活奢侈而被免去官职，甚至太子的地位也被废黜。

　　有一次他要配止痢药，在宫中竟找不到一两胡椒粉。

唐代的农业技术及均田制度

大唐盛世，社会安定，百姓安居乐业，生产力水平有了很大提高，封建经济呈现出高度繁荣的局面。这时期，农业生产技术也取得了长足的发展。

唐代出现了有利于灌溉的水力筒车、牛挽高转筒车和便于耕作的曲辕犁，还注重兴修水利，扩大耕地和能够灌溉的水田，提高粮食亩产量。

唐代继续实行隋代的均田制，且比隋代进一步完善。

在我国古代，人口增长一直是国家兴旺发达的重要指标。唐王朝所控制的户口在唐玄宗时已经达到906万户，5280万人口。这样的人口数量，对当时农业生产各个方面的发展，具有非常重大的意义。

唐代的各种水车广泛用于农田灌溉，是当时农业生产发展的一个重要因素。其中有一种唐代人创制的新的灌溉工具筒车，又叫水转筒车，随水流而自行转动，竹筒把水由低处汲到高处，功效比翻车大。

其种类有手转、足踏、牛拉等。

筒车是用竹或木制成一个大型立轮，由一个横轴架起，可以自由转动。轮的周围斜装上许多小竹筒或小木筒，把这个转轮安置在溪流上，使它下面一部分浸入水中，受水流之冲击，自行旋转不已。轮周斜挂的小筒，当没入水中时满盛溪水，随轮旋转上升。

由于筒口上斜，筒内水不流洒，当立轮旋转180度时，小筒已平躺在立轮的最高处，进而筒口呈下倾位置，盛水即由高处泄入淌水槽，流入岸上农田。

　　这种自转不息终夜有声的筒车，对解决岸高水低，水流湍急地区的灌溉有着重大意义。它一昼夜可灌田百亩以上，功效很大，确实是人无灌溉之劳而田有常熟之利。

　　除了筒车外，唐代的曲辕犁是继汉代犁耕发展之后又一次新突破。

　　唐代以前的犁都是笨重的直辕犁，回转困难，耕地费力。西汉出现的"二牛抬杠"式的耕犁，尤其是西汉中期又大规模地提倡和推广牛耕，成为我国犁耕发展史上一个重要的时期。

　　唐代农民在长期生产实践中创造出一种轻便的曲辕犁，犁架小，便于回转，操作灵活，既便于深耕，也节省了畜力。这种犁出现后逐渐得到推广，成为最先进的耕具。我国古代的耕犁至此基本定型，这

是唐代劳动人民对耕犁的重大改进。

关于曲辕犁形制，晚唐人陆龟蒙在所著《耒耜经》中作了详细的记载：曲辕犁是由铁质犁镵、犁壁和木质犁底、压镵、策额、犁箭、犁辕、犁梢、犁评、犁建和犁盘11个部件构成的。其中除犁镵、犁壁外，均为木制。全长6尺。

辕犁的主要特征是变直辕为曲辕，即犁辕的前边大部分向下弯曲。旧式犁长度一般为9尺，前及牛肩；曲辕犁长6尺，只到牛后的犁盘处。

这样犁架变小，重量减轻，使曲辕具有轻便的特点，因而也就节省了畜力，只用一头牛牵引就可以了，这就改变了古老笨重的二牛抬杠的犁耕方式。

它既可以支撑犁辕，使犁平稳，又能在地上滑行，还兼有调节深浅的作用，并能控制耕地的方向。故有"耕地看插头，耙地看牛头"的民谚。这也是曲辕犁的优点之一。

　　唐代水利工程相当发达，是促进当时农业生产高度发展的重要因素之一。唐代兴修水利工程以"安史之乱"为界，可分为前后两个阶段。前期是北方水利的复兴阶段，以开渠引灌为主。安史之乱后，南方农田水利建设呈现出迅速发展的趋势，如江南西道在短短10多年中就兴修小型农田水利工程600处。

　　南方的水利工程偏重于排水和灌水，特别是东南地区盛行堤、堰、坡、塘等的修建。这些农田水利工程大多分布在太湖流域、鄱阳湖附近和浙东3个地区，其中大部分是灌溉百顷以下的工程，但也有不少可灌溉数千顷至上万顷。

　　唐代对水利工程的重视还体现在水利管理方面。此时记录编订了有关灌溉管理制度的文献资料，即是出现于敦煌千佛洞的唐代写本

《敦煌水渠》。

　　还出现了全国性的水利法规《水部式》，对当时的水利管理有极大的指导作用，体现了当时在水利方面的综合成就。

　　在唐代，由于国家长期统一，社会比较安定，北方的农业经济有较快的恢复和发展，精耕细作的农田越来越多。不少地区在麦子收获以后，继种禾粟等作物，可以两年三熟。

首先是高产作物水稻的种植面积大大增加，并广泛采取育秧移植的栽培方法。南方的农业种植技术更有显著进步。当时的江淮地区，已经是大面积移植秧苗。

其次是大量栽培早稻，即六七月可收割的一种早稻。育秧移植和早稻栽种，为在同一土地上复种麦子或其他作物创造了条件，使两年三熟的耕作制逐渐在南方推广，有的地方可一年两熟。

唐时的茶叶产地遍及今四川、云南、贵州、广东、广西、福建、浙江、江苏、江西、安徽、湖北、湖南、陕西等地，茶叶生产已是江南农业的重要部门。

唐代马牧业兴旺发达。农业和畜牧业既相对独立又相互依赖，二

者是一个具有互补性的整体。由于马匹在社会生活交通运输和国防军事中的重要地位，使唐王朝高度重视马牧业生产，为此组织和制订了系统完整的马政机构和制度，建立了规模宏大的监牧基地，大力开展对外马匹贸易，采取了鼓励养私马的措施和政策。

为了发展社会马牧业，唐代政府制订了一些鼓励民间私人养马的政策。唐玄宗即位后，在积极发展国家监牧养马的同时，也重视发展私人养马，并革除一些妨碍私人养马的弊政，实行按资产多少，把户分为3等，不久改为9等，按户等交税等办法。

这些措施减轻了养私马户的经济负担，调动了农民养马积极性，促进了唐代马牧业的发展。

唐代空前繁荣的社会经济为私人养马业的发展提供了坚实的物质基础。《唐六典》太仆寺记载了官马每天的饲料数量：闲马每匹草一围，粟一斗，盐六勺。监牧马春冬季节每匹马草一围，粟一斗，盐二合。如果没有发达繁荣的社会经济，要进行这样精致的饲料搭配是不

可能的。

唐代贵族官僚饲养大量私马，设置私人牧场。唐代前期实行府兵制，农民普遍要服兵役，唐代规定，府兵被征点服役，所需戎器均须自备。因此，唐代农民也普遍养私马。

马匹的增加是唐代马牧业的一大景观。唐代农田中有很大一部分是马拉犁在耕作，耕马的身影随处可见。唐德宗时，仅在关辅地区一次就市马3万余匹。由此可见，唐代私人养马业是何等的兴旺发达。

唐代继隋代实行均田制，且较隋代完备。唐高祖李渊于624年颁布的均田制，规定了一般农民受田和王公官吏受田的具体事宜，进一步明确了封建土地所有制的性质。

一般农民受田规定，凡年满18岁以上的男女，受田一顷，其中80亩为口分田，20亩为永业田。老及废疾笃疾者，各受口分田40亩，寡

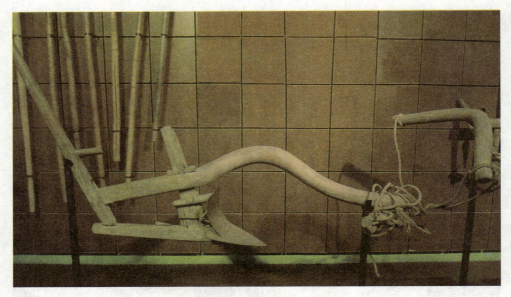

妻妾各受田30亩。

口分田一般是种植谷物的土地。农民到了有耕作能力时受田，年老体衰时还给国家一半，死后则全部还给国家，不得买卖或作其他处理。从这点来看，口分田是国家所有制性质，受田者只有使用权而无所有权。但是，自狭乡处徙往宽乡者，可以卖其口分田。

永业田一般不归还国家，是有世袭权的土地，有明显的私有性质。永业田虽然为私人所有，但这种私有权是不完整的，国家还有权变动。

王公官吏受田的名目繁多，数量也大，包括永业田、职分田和公廨田三种。

永业田是有爵位、勋位和官职的人拥有的田地。自诸王以下，至于都督或散官五品以上，按等级分授永业田，子孙世袭，皆免课役。

据《唐六典》记载：亲王100顷；正一品60顷，从一品50顷；正二品40顷，从二品35顷；正三品25顷，从三品20顷；正四品15顷，从四品11顷；正五品8顷，从五品5顷。

职分田即职田，官员离职时，要移交后任。

京官职田的数量是：一品12顷，二品10顷，三品9顷，四品7顷，五品6顷，六品4顷，七品3顷又50亩，八品2顷又50亩，九品2顷。外官职田的数量是：诸州都督、都、亲王府官二品12顷，三品10顷，四品8顷，五品7顷，六品5顷，七品4顷，八品3顷，九品2顷又50亩等。

公廨田是用作京内外各官署外公费用而设置的。

京官各司公廨田的数量是：司农寺22顷，殿中省25顷，少府监22顷，太常寺各20顷，京兆府、河南省各17顷，太府寺16顷，吏部、户部各15顷，兵部、内侍省各14顷，中书省、将作监各13顷，刑部、大理寺各12顷，尚书都省、门下省、太子左春坊各11顷，工部10顷，光禄寺、太仆寺、秘书监各9顷。

外官各司公廨田的数量是：大都督府40顷，中都督府35顷，下都

督护府、上州各30顷，中州20顷，宫总监、下州各15顷，上县10顷，中县8顷，下县6顷。

唐代实行均田制以后，随着商业经济的发展，大批农民在丧失了土地之后，不得不做王公、贵族、豪强、地主的佃户。随着土地兼并之风的加剧，使得分配给农民的土地愈来愈少，终于导致均田制解体。

拓展阅读

　　唐玄宗为了增加国家的收入，打击强占土地、隐瞒不报的豪强，发动了一场检田括户运动。

　　他任命宇文融为全国的覆田劝农使，下设十道劝农使和劝农判官，分派到各地去检查隐瞒的土地和包庇的农户。然后把检查出来的土地一律没收，同时把这些土地分给农民耕种。对于隐瞒的农户也进行登记。

　　通过这些有效的措施，唐玄宗使唐朝的经济又步入正轨，减轻了农民的负担，同时也增加了国家的财政收入，促进了国家经济的繁荣。

佃农风行

　　从五代十国至元代是我国历史上的近古时期。这一时期的农业特点，是以生产为中心，带动农艺及各种农产品加工技术水平不断提高，并不断提高生产的效率。

　　这一时期农业的主流仍然是传统的精耕细作，但各地区各民族发展不均衡，呈现出以种植为主的农区与以游牧为主的牧区同时并存、农林牧副渔商诸业共同发展的态势。

　　而各王朝旨在发展生产的土地制度，在一定程度上推动了我国近古时期农业和经济的发展。

宋代农业经济与土地制度

宋朝的建立，结束了长期的战乱，百姓休养生息，人口增长很快，两宋时期的农业经济取得了较快的发展。

宋代扩大了耕种的土地，创制了不少高效农具，还大力发展栽培技术，这些都促进了农业的发展，并由此带动了林业、牧业、渔业及农村副业的发展。

这一时期的土地制度是授田和限田，旨在遏制大地主籍没和购买大量土地。

宋代农业的发展趋势超过了以往。宋代注重对农业土地的合理使用。王安石变法推行农田水利法，实行淤田法，在黄河中下游推行淤灌，颇有成就，规模空前，放淤的范围遍及陕、晋、豫、冀。

《宋会要辑稿》记载了当时开封境内淤灌后，每年增产几百万石。由此可见，宋代淤灌的效果相当显著。

宋代由于人口增加很快，平旷的土地不够用，除了用淤田法扩田外，还开垦山、泽地进行耕种。土地利用范围扩大，主要表现有与山争地的梯田和与水争地的圩田和围田。

梯田是经人工蹬削而成，采用等高线法进行耕种，将作物在沿山横向的等高线种植一二条，苗出以后就可耘锄。后来发展到多条等高线种植，造成山坡层叠的梯田，既方便锄草，又便于蓄水。宋代梯田分布很广，在川、粤、赣、浙、闽等地都有。

圩田是在低洼多水的地区筑堤，防止外围的水浸入的稻田，在宋代发展很迅速，是当时人们与水争田的主要方式。有围田、沙田、涂田等多种形式。

围田就是筑土作堤，捍御外水侵入，并设置圩岸沟河闸门，平时可以蓄水，涝时开闸排出圩内的水，旱时开闸引入外面的水灌溉。这

样就能做到排灌两便，旱涝保收。

沙田则是利用长在河畔出没无常的沙淤地来工作。涂田是海边潮水泛滥淤积泥沙生长碱草，由于年深日久形成大小不一的地块。

宋代新农具大量涌现，农具应用专门化，不同作物使用不同的农具，如割荞麦用推镰，割麦用麦绰、麦钐，割水稻用铚等。

而且从利用人畜力为动力发展到利用水力，由水磨、水碾、水锥进而发展到翻车式龙骨车、筒车等，利用水力运转以输水灌田。这对我国一年二熟农作制的改革有极大的推动作用。

南宋时翻车式龙骨车及筒车在江南一带应用很普遍。翻车式龙骨车就是翻车，又称踏车，是由连串的活节木装入木槽中，上面附以横轴，利用人力踏转或利用牛力旋转，也有利用水力旋转者，活节木板连环旋转，沟溪河川的水随木板导入田中。它起水快，搬运方便。随地可用，深受南宋农民重视。

北宋时人应用水磨、水碾，利用水力运转的原理，创造了自转水轮的简单装置，吸水、运水、覆水都用一轮。到南宋时为提高其载水量，用若干竹筒系在轮上，增加输灌水量，这时才有筒车的名称。元代进一步发展为上轮、下轮，可适用于田高岸深或田在山上的情况。

筒车，在岸上立一转轮为上轮，在河中立一转轮为下轮，两轮间用筒索连起来，筒索装许多竹筒或木筒，水流激动转轮，轮上的筒就依次载水注入岸上的田里。覆水后空筒复下依次载水而上，循环不止。

宋代农具在改进中，为提高效率，根据不同的作物创造出许多新的类型，以满足农业生产的需要。整地农具有踏犁、铡刀和耖。

《宋会要辑稿》中说踏犁可代牛耕之功半，比镬耕之功则倍。宋代因缺少牛，曾多次推广过踏犁。

铡刀又称裂刀，宋代用它开荒。其形如短镰，刀背特厚，一般装

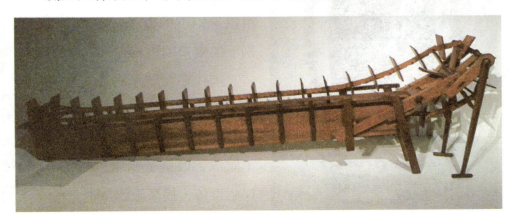

在小犁上，在犁前割去芦苇、荆棘，再行垦耕；或将它装在犁辕的头上向里的一边，先割芦苇，再行垦耕。

此外还有耪、秧马、耧斗、耧锄、推镰等。耪是金代为适应东北垄作特点而创制的，能分土起垄和中耕。

秧马是用来拔秧的农具，可以减轻劳动强度。苏轼曾在《秧马歌》及序中记叙人骑在小船似的秧马上，两脚在泥中撑行滑动的情景。

耧斗是施肥工具，耧斗后置筛过的细粪和拌蚕沙，用耧播种时随种而下覆于种上，同时还有施肥的功效。

耧锄是北方沿海地区出现的畜力中耕器，形如木屐，长1尺余，宽3寸，下列推列铁钉20多枚，背上装一长竹柄，可用手持着在稻苗行间来往松土、除草。

推镰用来收割荞麦，是当时的新创，推镰是在顶端分叉的长柄上装上2尺长横木，两端又装一小轮，两轮间装一具半月形向前的利镰，横木左右各装一根斜向的蛾眉杖，可以聚割下的麦子，用大力推行，割下的麦子倒地成行，工效较高。

宋代在土壤肥料理论和技术方面有着重大的突破。以陈旉为代表的农学家提出了地力常新论，扩大了肥源，改进了积肥方式，出现了保肥设备，提高施肥技术。

两宋时期旱地耕种技术的提高主要表现在犁深、耙细、提出秋耕为主，以及套翻法的创始等方面。浅耕灭茬和细致耕耙，可以保墒防旱，提高耕作的质量；随耕随耢，就能减少耕种过程和土壤水分损耗；反复耙耢，能使土壤表层形成一个疏松的覆被层，减少水分的气态扩散；强调秋耕为主，有利于大量接纳秋雨，蓄水保墒等。

由于两宋时经济重点转向南方，南方水田地区施行一年二熟栽培，不但能杂植北方的粟、麦、黍、豆，而且引入新作物的产品的制造技术，并发展了南方原产作物的栽培技术。

当时南方经济作物发展极为迅速，茶、蔗、棉栽培扩大。茶、蔗、棉都实行直播，而茶多种在丘陵地、倾斜地，不做畦，采用穴播丛植法。蔗、棉要做畦，不需移栽。

当时国内外大量需求蚕丝制品，丝出于蚕，蚕依于桑，而桑的生苗生产需3年，这就出现了营养繁殖快速成苗的方法。以前的压条法得到更进一步的充实，并创造了插条法、埋条法。

压条法就是将植物枝条压入土中，使土中的部分产生不定根，然后将它从母株切断独立成株，优点在于切断前，压条能接受母株营养，易于成活。

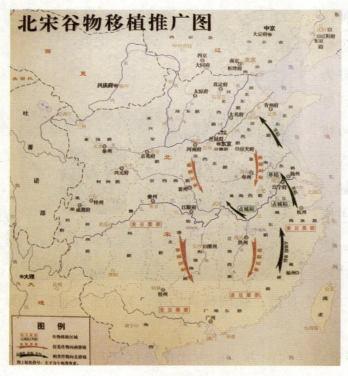

北宋谷物移植推广图

插条法则是将植物斫下的枝条插入土中，使它入土的部分不定根自行生长。

埋条法是将树的干或其萌条留其树身或条身有芽的埋入预置的坑内，一方面使其根系发育，另一方面使其身不出土，但周围的芽成长成条。

南宋时盛行桑的嫁接，技术水平已相当高。另外，湖桑是南宋时由鲁桑南移到杭嘉湖地区，通过人工和自然选择，高产优质。它的出现是蚕桑业的一件大事。

宋代的蔬菜、花卉、果树也已成为农业的重要行业，不仅表现在种类增加和优良品种不断大量涌现，栽培技术也有很大发展。

宋代蔬菜种类增加不少。据《梦粱录》记载，南京杭州就有蔬菜30多种，丝瓜最早记载于宋《老学庵笔记》，菠菜在宋已发展为主要蔬菜之一，而南宋时白菜品种多，品质好。

蔬菜的栽培技术也有不少发展。最早见于宋元间《务本新书》，其中谈到茄子开花，削去枝叶，再长晚茄，就是用整枝打叶来控制生长发育，可使之分批结果而增产。

花卉的发展也是空前的，北宋首都汴梁、南宋首都临安都有花市，洛阳和成都的牡丹、扬州的芍药都是当时的名产。

果树的佳种在宋代大量出现，据宋韩彦直《橘录》记载，仅温州一地就有橘14种，柑8种，橙5种，并对它们一一作了详细的性状描述。

宋蔡襄的《荔枝谱》中记载福州荔枝有32个品种。《梦粱录》记载了当时杭州的柿子就有方顶、牛心等10多个良种。这说明宋代果树已出现大量良种。

果树的栽培技术有嫁接、脱果、除立根、套袋等。脱果法是一种无性繁殖方法。据宋温革《分门琐碎录》介绍，农历八月用牛粪拌土包在结果枝条像宏膝状的弯转处，状如大碗，用纸袋包裹，麻皮绕扎，任其结实。到第二年秋开仓检视，如已生根就截下再埋土中使其持长。这在当时是重大创造。

两宋时期，由于江南经济的发展，人口增殖，在木材、役畜、淡水养鱼、农产加工等方面的需求进一步增加，促进了林、牧、渔等副业技术的改进和提高。

南宋的林业生产、造林技术在很大程度上是借鉴了农业的许多生

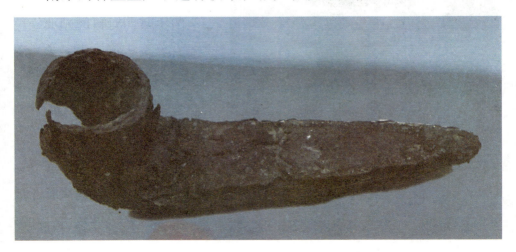

产技术创造出来的，造林、树木移栽的方向、时期和方法，苗圃育苗及嫁接法等。

在我国古代，耕牛一直作为主要的动力。因此耕牛饲养的好坏，直接关系到农田的开垦数量和耕种及产量的增加。如果耕牛病弱或死亡，将极大地影响农业生产。因此，宋代从耕牛的卫生、饲养、使用、保健、医疗几方面进行改进，取得了很好的效果。

宋时浙东多凿池塘养鱼，投放的鱼苗不到3年就能长到尺余长。宋代还发展了多种鱼混养的技术。周密在《癸亥杂识》中就曾记叙，浙江渔民春季从江州鱼苗贩子处买来鱼苗，放入池中饲养。

按池塘的大小环境，放入一定数目的青、草、鲢、鳙鱼苗进行混

合饲养，综合利用天然水体中的天然食料，并按鱼苗的生长期分期予以不同种类的饵料，至第二年养成商品鱼出售。当时人们对草鱼食草、青鱼食螺已有认识。

两宋时期农村的副业生产主要有养蚕、猪、牛、羊、养蜂等。在农产原料加工方面的，如做豆豉、做酒、做醋等，还有就是纺织原料加工，有缫丝、剥麻、纺织原棉等。

宋代的航海业、造船业成绩突出，海外贸易发达，和南

太平洋、中东、非洲、欧洲等地区50多个国家通商。

　　在土地制度方面，宋代以国家"授田"为主要形式。这是古代专制社会中生产关系的一次调整。

　　北宋统一全国后，鉴于当时有很多土地弃耕撂荒，急望人们垦田务农，以求增加国家财政收入，宋太宗根据太常博士陈靖的建议，实行"授田"。

　　据《宋史·食货志》记载：

　　　田制为三品：以膏腴而无水旱之患者为上品；虽沃壤而有水旱之患者，确瘠而无水旱之患者为中品；既确瘠而又水旱者为下品。

　　　上田，人授百亩；中田，百五十亩；下田，二百亩。五年后收其租，亦只计百亩，十收其三。一家有三丁者，请加授田如丁数。

　　五丁者从三丁之制，七丁者给五丁，十本者给七丁，至十丁、三十丁者，以十本为限，若宽乡田多，即委农官裁度以赋之。

　　这就是宋太宗时期颁布的"计丁授田"政策。

　　由于两宋的大地主多系皇族、贵戚、达官、显贵、富商、巨贾、地主、豪强，他们在政治上和经济上具有优越地位，他们获取土地的方式有官府的赏赐和赠与、巧取豪夺和购买兼并。

　　为了限制土地兼并，宋仁宗时曾下诏"限田"：公卿以下不得过30顷，衙前将吏应服役者，不得过15顷，而且限于一州之内，否则，以违律论。

　　宋代时期的农业，有几个主要特点。一是高效。这一时期出现了一些功效较高的农具，如中耕用的耘荡和耧锄，收刈用的推镰和麦钐、麦绰、麦笼，灌溉用的翻车和筒车等，这些工具中，不少应用了轮轴或齿轮作为传动装置，达到了相当高的水平。

　　二是省力。这是指减轻劳动强度或起劳动保护作用的农具，如稻田中耕所用的耘荡、秧马、耘爪等。

　　三是专用。这就是分工更为精细，更为专门化。以犁铧而论，有镵与铧之分，"镵狭而厚、唯可正用，铧阔而薄，翻覆可使"，故"开垦生地宜用镵，翻转熟地宜用铧"，"盖镵开生地着力易，铧耕熟地见功多。北方多用铧，南方皆多用镵"。王祯《农书》把镵与铧的特点、适用范围说得很清楚。

　　四是完善。如在犁辕与犁盘间使用了挂钩，使唐代已出现的曲辕犁进一步完善化。又如在耧车的耧斗后加上盛细粪或蚕沙的装置，可使播种与施肥同时完成，即所谓下粪耧种。

　　五是配套。北方旱作农具，魏晋南北朝时期已基本配套，此时进一步完善。南方水田耕作农具，唐代已有犁、耙、碌碡和礰礋，宋代又加入了耖、铁搭、平板、田荡等，就形成了完整的系列。此外，还有用于育秧移栽的秧绳、秧弹、秧马，用于水田中的耘荡、拐子，用于排灌的翻车、筒车、戽斗等，南方水田农具至此亦已完整配套。我

国传统农具发展至此，已臻于成熟阶段。

在传统农具日益完备的同时，人们还在动力上作文章，以应付各种自然灾害带来的不测。自春秋战国时期发明"牛耕"以来，牛就成了农民的宝贝，同时也与上层统治者有着密切的关系。于是，人们在积极保护耕牛的同时，同时又积极研制一些在缺乏耕牛的情况下仍然能够进行耕作的农具，如唐代王方翼发明的"人耕之法"，宋代推广的踏犁和唐宋以后开始流行的铁搭等。

拓展阅读

宋代农业生产很注意施肥和积肥。农民在长期生产实践中认识到，土壤的性质不同，应施用不同的粪肥。

在人多地小的地方，土壤肥沃而产量高的原因就是靠积肥、施肥和灌溉。所谓"用粪如用药"。

为此，宋代农民对积肥非常重视，并且开始注意保存肥效。为了积肥，当时京师杭州有专门载垃圾的船只，农民将垃圾成船搬运而去做肥料，甚至还有经营粪业者，专门收集各户粪便，并各有范围而互不侵夺。

元代农业经济的全面发展

　　蒙古族首领忽必烈于1271年建立元朝，定都于大都。元代推行了许多重视农业的措施，推动了农业经济的全面发展。

　　元代农业的发展，表现在生产工具的改进、生产技术的提高和农产品产量的增加等方面。此外，手工业、商业和交通运输业也有相应的发展。

　　元代的土地制度，根据当时政府法令的规定，主要为官田、民田和屯田三种。屯田的设置和当时的军事、财政密切相结合，也和当时的移民政策或民族政策有密切的联系。

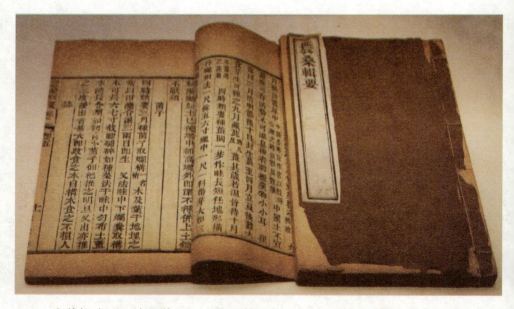

元世祖忽必烈即位后，设立管理农业的机构司农司，指导、督促各地的农业生产，推广先进生产技术，保护劳动力和耕地，兴修水利等，使元代前期农业生产得以恢复和发展。

元政府加强了农业技术的总结和普及工作，管理农业的机构司农司编辑的《农桑辑要》，是我国古代政府编行最早的、指导全国农业生产的综合性农书。

鲁明善的《农桑衣食撮要》是我国月令体农书中最古的一部，王祯的《农书》是我国第一部对全国农业进行系统研究的农书。

宋真宗时推行的占城稻在元代时已经推广到全国各地。农业生产继续发展，1329年，南粮北运多达350多万石，这说明粮食生产的丰富。

元代前期，经济作物也有较大发展，茶叶、棉花与甘蔗是重要的经济作物。江南地区早在南宋时已盛产棉花，北方陕甘一带又从西域传来了新的棉种。

1289年，元政府设置了浙东、江东、江西、湖广、福建等省木棉提举司，年征木棉布10万匹。1296年复定江南夏税折征木棉等物，反映出棉花种植的普遍及棉纺织业的发达。

元代水利设施以华中、华南地区比较发达。元初曾设立了都水监和河渠司，专掌水利，逐步修复了前代的水利工程。陕西三白渠工程到元代后期仍可溉田7万余顷。所修复的浙江海塘，也对保护农业生产也起了较大作用。

元代农业技术继承宋朝，南方人民曾采用了圩田、柜田、架田、涂田、沙田、梯田等扩大耕地的种植方法，对于生产工具又有改进。

元代的农具，在王祯的《农书》中有不少详细的叙述。比如翻土农具镃锄、浙碓、耘耙、踏锄，水田中除草松泥的农具耘荡，除草和松土用的耘爪，插秧和拔秧的工具秧马，收麦工具麦钐刀、麦绰、麦笼等。

元代的畜牧政策以开辟牧场，扩大牲畜的牧养繁殖为主，尤其是繁殖生息马群。元代完善了养马的管理，设立太仆寺、尚乘寺、群牧都转运司和买马制度等制度。

元朝在全国设立了14个官马道，所有水草丰美的地方都用来牧放马群，自上都、大都以及折连怯呆儿，周围万里，无非牧地。

元代牧场广阔，西抵流沙，北际沙

漠，东及辽海，凡属地气高寒，水甘草美，无非牧养之地。当时，大漠南北和西南地区的优良牧场，庐帐而居，随水草畜牧。江南和辽东诸处亦散满了牧场。

内地各郡县亦有牧场。除作为官田者以外，这些牧场的部分地段往往由夺取民田而得。

牧场分为官牧场与私人牧场。官牧场是12世纪形成的大畜群所有制的高度发展形态，也是蒙古大汗和各级贵族的财产。

大汗和贵族们通过战争掠夺，对所属牧民征收贡赋，收买和没收所谓无主牲畜等方式进行大规模的畜牧业生产。

元代诸王分地都有王府的私有牧场。元世祖时，东平布衣赵天麟在《太平金镜策》说：

今王公大人之家，或占民田近于千顷，不耕不稼，谓之草场，专放孳畜。

可见，当时蒙古贵族的私人牧场所占面积之大。

岭北行省作为元代皇室的祖宗根本之地，为了维护诸王、贵族的利益和保持国族的强盛，元政府对这个地区给予了特别的关注。

畜牧业是岭北行省的主要经济生产部门，遇有自然灾害发生，元代就从中原调拨大量粮食、布帛进行赈济，或赐银、钞，或购买羊马分给灾民；其灾民，也常由元廷发给资粮，遣送回居本部。

元代手工业生产也有些进步，丝织业的发展以南方为主，长江下游的绢，在产量上居于首位，超过了黄河流域。

元代的加金丝织物称为"织金锦"，当时的织金锦包括两大类：一类是用片金法织成的，用这种方法织成的金锦，金光夺目。另一类是用圆金法织成的，牢固耐用，但其金光色彩比较暗淡。

棉纺织业到宋末元初起了变化，棉花由西北和东南两路迅速传入长江中下游平原和关中平原。加上元代在5个省区设置了木棉提举司，每岁可生产木棉10万匹，可见长江流域的棉布产量已相当可观。

在棉纺织技术方面，由于当时工具简陋，技术低下，成品尚比较粗糙。1295年前后，妇女黄道婆把海南岛黎族的纺织技术带到松江府的乌泥泾，提升了纺织技术，被尊称为"黄娘娘"。

元代的瓷器在宋代的基础上又有进步，著名的青花瓷就是元代的新产品。青花瓷器，造型优美，色彩清新，有很高的艺术价值。

元代透过专卖政策控制盐、酒、茶、农具、竹木等一切日用必需品的贸易，但

元代幅员广阔，交通发达，所以往往鼓励对外贸易政策，因而对外贸易颇为繁盛。

元代土地，大致可分为屯田、官田、寺观田和民田四大类。屯田和官田都是国有土地，统称"系官田"；寺观田和民田为私有土地。"系官田"的显著增多是元代土地制度上的一个重要特色。

屯田，实际上就是由封建政府直接组织农业生产，元代屯田十分发达，其规模之大，组织之密，超过了以前任何一个朝代。

屯田的方式，主要有军屯和民屯两种。军屯是元代最重要的屯田方式，其类型有二，一是镇戍边疆和内地的军队屯种自给，二是设置专业的屯田军从事屯种。

这是元代军屯不同于以往历代军屯的显著特点。屯田军户，主要来源于汉军和新附军，他们专事屯种以供军食，一般情况下不任征戍。在元代统一之前，专业的屯田军便已出现。

民屯是组织民户进行屯种，其组织形式带有浓厚军事性质。从事民屯的人户另立户籍，称"屯田户"。内地屯田户，或来源于强制签充，或来源于招募。

边疆屯田户，则主要通过迁徙内地无田农民而来。屯田户的生产资料，如土地、牛种、农具等，或由政府供给，或自备。民屯的分布范围也很广泛，规模亦大。

元代屯田的管理，分属枢密院和中书省两大系统。军屯总隶枢密院，分隶各卫、万户府和宣慰司，各卫和万户府之下设立专门的屯田千户所和百户所以管屯种。

民屯总隶中书省，分隶司农司、宣徽院及各行省，具体管理由所在地的路、府、州、县，或由专门设立的屯田总管府、屯田署等。

元代大规模实行屯田，促进了荒地的垦辟，扩大了可耕地面积，对边疆地区农业生产的发展尤为有利。

元代官田，是指屯田以外所有的国有土地。元代官田的数量颇为庞大，超过了前代。官田种类不一，主要有一般官田、赐田、职田和学田四大类。

一般官田，即封建国家直接占有的官田。元代的一般官田主要分

布在江南地区，元政府在这一地区设置了江淮等处财赋都总管府，江浙等处财赋都总管府以及多种名目的提举司，专责管理官田事务。

元政府在逐渐扩大官田的同时，不断地将官田赏赐给贵族、官僚和寺院，这便是"赐田"。元代赐田之举十分频繁，赐田的数量也很大，动辄以百顷、千顷计。元代赐田，是元代土地制度中较为突出的现象。

职田即官员的俸禄田。元代职田只分拨给路、府、州、县官员及按察司、运司、盐司官员，其他官员则只支俸钞和禄米，不给职田。官员职田的多寡，随品秩高下而定。

1266年，元政府定各路、府、州、县官员职田："上路达鲁花赤、总管职田16顷，同知8顷，治中6顷，府判5顷；下路达鲁花赤、总管14顷，同知7顷，府判5顷；散府达鲁花赤、知府12顷，同知6顷，府判4顷；中州达鲁花赤、知州6顷，州判3顷；警巡院达鲁花赤、警史5

顷，警副4顷，警判3顷；录事司达鲁花赤、录事3顷，录判2顷；县达鲁花赤、县尹4顷，县丞3顷，主簿3顷，县尉2顷。

政府规定的诸官员的职田数，只是一个给付标准，实际上，官员违制多取职田和职田给付不足额，甚至完全未曾给付的情况都是存在的。职田的收入归现任官员所有，官员离

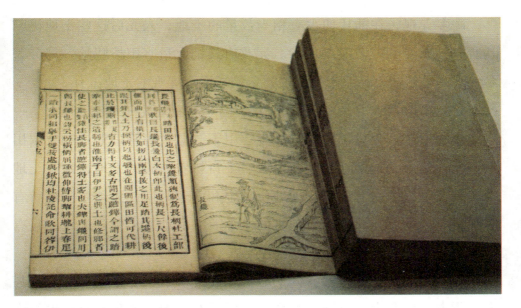

任须将职田移交给下任。

学田，即官办各类学校所占有的土地。元代在中央设置国子学、蒙古国子学、回回国子学，在路府州县设置儒学、蒙古字学、医学、阴阳学等。

此外，各地还有大量的书院。除国子学没有学田外，上述其他学校都占有数量不等的土地，其中各地儒学是学田的主要占有者。

上述元代各类官田，基本上都采用租佃制的生产形式。大多数情况是出租给贫苦农民耕种，但元代一般官田和学田中包佃制兴盛，是这些土地上封建租佃关系继续保持其发展趋势的一种反映。

元代寺观土地名义上属于封建国家所有，但除去政府拨赐的土地外，寺观从前代继承来的土地及通过各种途径续占的土地，其所有权都在寺观，新增田土还要向政府纳税，所以，寺观土地一部分是私有土地。元代尊崇宗教，随着佛道二教社会地位上升，寺观的土地占有也显著扩张，尤其所谓"佛门子弟"更充当了土地兼并的突出角色。

许多寺观，在前代便占有相当数量的土地，入元后这些土地仍归其所有，并受到元政府的保护。元政府又把大量官田拨赐给一部分著名寺观，动辄数万甚至十数万顷，急剧扩增了寺观的土地占有。

寺观土地基本上采用租佃制进行生产，寺观佃户的数量很大。一般寺观的田地都分设田庄，派庄主、甲干、监收等管理佃户和收取田租。元代民田，包括地主、自耕农、半自耕农占有的土地，地主土地所有制在民田中占有绝对支配地位。金和南宋时期，大地主土地所有制已经充分发展，入元以后地主的土地兼并活动并未受到遏止，且有变本加厉之势。

由于地主占据了绝大部分土地，元代自耕农、半自耕农的人数甚少，所占土地亦十分有限。大部分农民没有土地，或只占有极少的土地，因而成了封建国家和各类地主的佃户。

拓展阅读

元代著名农学家王祯在旌德县尹任内，为老百姓办过许多好事。据《旌德县志》记载，他生活俭朴，经常将薪俸捐给地方兴办学校、修建桥梁、施舍医药、教农民种植、树艺。

有一年碰上旱灾，眼看禾苗都要旱死，农民心急如焚。王祯看到旌德县许多河流溪涧有水，想起从家乡东平来旌德县的时候，在路上看到一种水转翻车，可以把水提灌到山地里。

王祯立即开动脑筋，画出图样，召集木工、铁匠赶制，就这样，水转翻车使几万亩山地的禾苗得救。

田赋结合

明清两代是我国历史上的近世时期。

明清时期的农业在土地开发和技术利用等方面得到了进一步的发展。农业的发展使手工业出现繁荣，私营手工业在明中后期占主导地位，并出现了资本主义生产关系的萌芽。但自给自足的自然经济在全国仍居主导地位。

明清时期的土地所有制，与我国历代王朝一样，有官田与民田之分。官田属封建国家所有，民田属地主或自耕农所有。明清时期的土地制度对后世有着深远的影响。

明代屯田制度与庄田

明代处于我国封建社会的晚期。这时期，全国的土地分为军屯、民屯和商屯，包括军垦田，地主所有的土地，自耕农所有的土地，此外还有皇庄、藩王占地和国家储备用地等。

在明代末年，正值我国历史上的第二次小冰河时期，这时期的自然灾害达到高峰，明代的土地兼并日益膨胀，土地法制已经无从谈起。

明代的土地制度和其他典章制度一样，多因袭前代的旧制。当然也有自己的一些显著改进，显示出鲜明的时代特征，推进了农业的大发展。

1368年，明太祖朱元璋命军队诸将种植滁州、和州、庐州、凤阳等土地。凡开立屯所，各设都指挥一员统领。

此后，他一方面反复告谕全军将士开展屯田的重要意义，要求他们从思想上明确，在行动上落实，务求实效；另一方面不断下令军队走出兵营，到边区和人烟稀少的地方开垦荒地，力争军粮自给，减少百姓负担。

明太祖还一再遣将四出，到屯田第一线严加督责。于是，从东到西，自北而南，都在兴屯种田。洪武时军队屯田总计89万余顷。

永乐帝即位以后，令五军都督府及卫所遵洪武旧制，继续大力命军兴屯，开垦土地，发展生产。令年终奏报屯田所入之数，以稽勤怠。从而使军屯之制在永乐朝得以坚持下去。屯田总计90余万顷。

明代军屯，集中于边区，尤其是辽东、蓟州、宣府、大同、榆林、宁夏、甘肃、太原、固原等9个边陲要地，史称"九边"。这9个军事重镇，既是重兵固守的要地，也是军屯的重点地区。

1404年，明政府定屯田官军赏罚条例，多者赏钞，缺者罚俸。并对洪武时创立的屯田布告牌重加详定，令每屯设立红牌一面，列则例于上。明代在实施屯田的过程中，首先强调军屯，并且在实施军屯的同时，发展民屯作为辅助。民屯之兴始于1370年，朱元璋接受郑州知

州苏琦建议，决定移民垦田。明初轰轰烈烈的民屯就开始了。

明初民屯的中央高级管理机构为司农司，地方基层组织为里社制。当时的民屯有三种形式，即移民、招募和罪徙。

明初移民不仅有从南方移到北方，也有从北方移到中原、黄河南北的，还有从少数民族地区移到内地的。移民数量庞大，如徐达所徙的沙漠遗民，以每户五口计，就有十五六万人。这是因战争关系而被迁徙的例外情况。

从洪武至永乐年间，徙民屯田的数目，共有23.26万余户，如果每户以5口计，就有116万余人，恐怕实际数还不止于此。

此外，移民次数也不少，洪武朝大规模徙民就有15次，永乐以后，才逐渐减少，宣德以来，就没有徙民的事了。

明政府对应募的人，采取奖赏办法，如1393年，山西沁州民张从整等116户，告愿应募屯田。户部分田给张从整，又令他回沁州招募居民，然后往北平、山东、河南旷土之处耕种。当时，招募民人屯田的组织和移民一样，设有佐贰官员主持，仿地方里甲制度进行组织。

罪徙屯田是明代对犯法的人实行的屯田。罪徙屯田，主要集中弃凤阳、泗州和荒地较多的边区。

明代民屯的设置，是作为军屯的补充形式。民屯的推行促进了明初社会经济的恢复和发展，同时也成为国家重要的经济来源。

与民屯、军屯同时进行的，还有商屯。从总体上说，商屯是为了满足军需，但出发点各有不同。推行民屯是为了解决民食，推行军屯是为了解决边区及内地军队的粮饷。而推行商屯，目标则比较单一，就是为了资助边境军粮。

商屯也称"盐屯"，是盐商为便于边境纳粮换取盐引而进行的屯垦。根据政府的需要，除用粮米换取盐引之外，有时也可用布绢、银钱、马匹等换取，但以粮换取是主要形式。

明初商屯东至辽东，北至宣大，西至甘肃，南至交趾，各处都有，其兴盛对边防军粮储备以及开发边疆地区有一定作用。

庄田是明代土田之制的有机组成部分。明代的庄田种类很多，有皇庄、诸王庄田、公主庄田、勋戚庄田、大臣庄田、中官即太监庄田、寺观庄田等。其中，于国计民生影响最大的是皇庄、诸王庄田、勋戚庄田和中官庄田。

皇庄，即由皇室直接命太监经营，并以其租入归皇室所有的田地。它是皇家的私产，是皇帝制度的产物。皇庄在我国已有长久的历史，汉代称"苑"，唐代称"宫庄"。明代起初亦称"宫庄"，最早建于永乐末年，地点在顺天府丰润县境内，名为仁寿宫庄。宣德时，又陆续建立清宁宫庄和未央宫庄。

1459年，因诸王尚未进封地，宫中供用浩繁，明英宗设立昌平县汤山庄、三河县白塔庄、朝阳门外四号厂宫庄为皇太子朱见深的东宫庄田；北京西直门外新庄村并果园、固安县张华里庄为朱见潾的德王庄田；德胜门外伯颜庄、鹰坊庄和安定门外北庄为朱见澍秀王庄田。

明宪宗继位以后，将原先朝廷所没收的太监曹吉祥的庄田改为皇庄。明代皇庄之名，由此开始。诸王庄田，即王府庄田，产生缘起于明朝分封制度。从1370年起，相继选择名城大都，正式分封诸子为亲王。因为古时称封建王朝分封地为"藩"，称分封之地为"藩国"，所以人们又称亲王为"藩王"、王府为"藩府"。由明太祖、明成祖至明神宗12帝，封亲王55国。亲王嫡长子嗣位为王者，凡321人。

勋戚庄田和中官庄田的性质与王府庄田无异，都是为了侵夺国家税粮。勋戚即勋臣和皇亲国戚。中官庄田为太监而设。除上述皇庄、王府庄田、勋戚及中官庄田之外，明代还有为数不少的公主庄田、大臣庄田和寺观庄田。

拓展阅读

明成祖朱棣非常重视社会经济的恢复与发展，认为"家给人足"、"斯民小康"是天下治平的根本。

他大力发展和完善军事屯田制度和盐商开中则例，保证军粮和边饷的供给。派夏原吉治水江南，疏浚吴淞。在中原各地鼓励垦种荒闲田地，实行迁民宽乡、督民耕作等制度以促进农业生产，并颁布蠲免赈济等措施，防止农民破产，保证了赋役的征派。

通过这些措施，永乐时"赋入盈羡"，政治稳定，经济繁荣，达到有明一代最高峰。朱棣被后世称为"永乐大帝"。

清代农业技术及农学

清朝是我国历史上最后一个封建王朝。清政府采取了很多措施来提高农业生产率，不过清朝的农业发展还是比较缓慢的。

清朝农业在农具的使用、农田水利的建设、耕地技术和柞蚕放养技术的改进、作物构成、施肥和病虫害防治以及植树造林等方面，都有些局部的改进和提高，体现了时代的特点。

清代的农学著作约有100多部，这些农学成果对后世产生了重要影响。

清代人口大增，乾隆时期已达3亿，这就需要粮食作物的产量更加提升。在清政府鼓励发展生产的政策下，清代农业的生产工具、水利建设、耕地技术及植树造林等方面较之前代有所发展。

清代出现了一种深耕犁，有大犁、小犁和坚重犁之别。深耕犁的发展，反映了耕作技术的提高。小型农具在清代进一步完善，如稻田整地灭茬的农具辊轴，作用是把田间杂草和秧苗同时滚压入泥，过宿之后，秧苗长出，而草则不能起。

贵州遵义一带有一种名为"秧马"的农具，其形制和作用，与宋元时记述的秧马不同，而类似辊轴，用以掩杀绿肥和杂草。以上农具在双季稻地区作用尤为明显。

塍铲、塍刀是清代南方丘陵地区水田作业的两种农具，用以整治

田埂。这种农具灵巧轻便，能提高作业速度和质量。

清代有一种水稻除虫工具，灭虫效果很好。适应于北方旱作地区的一种中耕除草工具漏锄，其特点是锄地不翻土，锄过之后土地平整，有利于保墒，而且使用轻便。

清代的农田水利工程一般是以水道疏浚为主。1570年，经海瑞主持的一次水利工程后，吴淞江下游基本形成今天的流向。清时为便于节制黄浦江，在江口建大闸一座。

京都周围附近地区的农田水利工

程，自元以后时举时废。1725年，京都附近发生特大水灾，清政府曾用较大力量兴修水利，农田水利有较大发展，公私合计先后垦出稻田59.7万多亩，并分设京东、京西、京南和京津四局加以管理。

到乾隆时，因为南北自然条件不同，北方水少，且过去所办水利收效不大，所以明令禁止以后再在京都周围从事水利营田。

整个清代农田水利是向小型化方面发展。康熙时，有专家力主在陕西凿井防旱，并指出应该注意的一些技术问题。河北、河南、山西、陕西等地利用地下水凿井灌田，蔚然成风。

河北井灌和植棉有关，植棉必先凿井，一井可灌溉棉田40亩。山西省蒲州和陕西省富平、澄城等地由于地形、地质不同，井水量大小不同，每井灌溉田地数量也不同。水车大井和一般大井每井可灌田20亩，橘槔井可灌六七亩，辘轳井可灌二三亩。

南方井灌较少，但利用山泉灌溉种稻却较普遍，闽、浙、两广、云贵、四川等地，随处都有蓄储涌泉或壅积谷泉的塘堰。

山泉来自高处，便于引流灌溉，为了合理用水并减缓冲击，人们就在下流修筑塘堰加以蓄存，并用栅、闸以及瓦窦、阴沟等启闭宣

泄，再随时引入田。

当田面高于山泉，除了筑堰壅水外，还用筒车来提水灌田。在山泉为叠岭涧壑所限时，则用竹筒、架槽来渡越，使山泉能从上而下，由近及远地使用，大大提高了泉水灌溉效益。北方各省也有引用泉水灌溉的，但总的面积不大。

在具体耕作技术的基础上，杨屾的《知本提纲·农则》概括出农业生产的一般耕作程序和一环套一环的原则：耕垦、栽种、耘锄、收获、园圃、粪壤、灌溉之次第，如果能一一详明，自然善于耕稼，产出倍增。这七项是《知本提纲》讨论耕稼的内容。

前四项为粮食作物生产的4个环节，园圃为农家不可偏废的生产项目，最后两者则为粮食作物和园圃生产共同应该注意的环节。并指出一个环节要紧扣另一个环节，对每一环节还提出了质量要求。对播种、田间管理、收获等也同样提出了要求。

掌握技术关键是农业生产中应予以重视的又一原则。当时的农学著作中辑载了不少农谚资料，提出了播种时期、前后作的关系、耕地深度、操作时间等问题，对实际生产有很大指导意义。

如说"小满花，不到家"，意思是棉花迟种则不收；"荞麦见豆，外甥见舅"，意思是去年种荞麦之地今年不宜种豆；还有"麦子犁深，一团皆根；小豆犁浅，不如不点"、"天旱锄田，雨潦浇园"等。

当时的农学家认为北方的生产技术关键是"粪多水勤"；南方则是"深耕"、"早种"等。

土壤耕作是农业生产首要的一个环节，《知本提纲》已有系统认识，指出前作物收获后，土壤板结，通气不良，经过耕耙和风化作用，板结状况可以改变；但"日烈风燥"，水分又损失过多，因之必须"雨泽井灌"补充水分，土壤经过这样的耕作使水、肥、气、热达到协调程度，才对作物生长有发育之功。

耕地技术在清代已达到相当完善的地步。北方旱地土壤耕作不论夏耕或秋耕都形成了一套完整的耕作法，即浅、深、浅。

《知本提纲》概括了这一耕法：

初耕宜浅，破皮掩草；次耕渐深，见泥除根；转耕勿动生土，频耖毋留纤草。

南方水田耕作技术的进展表现在两方面：一是深复耕。深耕在明、清时通常都在八九寸，不超过一尺。二是冻土晒垡。即将表土翻挖，熟化土壤。

清代农作物保持着传统的稻麦和杂粮等，自明代中期玉米、番薯等新作物引进后，对我国作物结构产生很大影响。

玉米引进后，清代中、后期推广普及较快，到1840年第一次鸦片战争前，基本上已在全国范围内得到了传播，尤其在云、贵、川、陕、两湖、皖、浙等省山区种植更为普遍，甚至在粮食作物中渐占主导地位。

番薯至道光年间已在各地普遍栽种，并逐渐成为我国的主要辅助粮食之一。明代引进的马铃薯在清代也被广泛种植。

清代商品经济的发展，新作物的引进与广泛传播，人口的繁衍，特别是进入18世纪以后，我国人口不断大幅度的增长，大大增加了对粮食的需求，因而也促进了清代多熟制的迅速发展。在当时，"一岁数收"具有提高单位面积年产量的积极意义。

18世纪中叶以后，我国北方除一年一熟的地区外，山东、河北、陕西的关中地区已经较为普遍的实行三年四熟或两年三熟制。南方长江流域一般一年两熟，再往南可以一年三熟。

自实行复种制，周年之内的种植和收获次数就有了增加，而从始用于蔬菜生产中的间作、套种等技术运用于大田生产后，"一岁数收"的多熟种植技术逐渐提高，农作制也相应地更加复杂化了。其中，套种是解决多熟种植的关键技术。

套种的原则，一是除主种作物外，套种作物应选择生长期比较短，相互间有亲和力的作物，经济作物和蔬菜都可以参加进去；二是通过套种争取多收，最主要的技术措施就是要多施肥料。此外，桑间、果间，通过间作、套种、复

种等技术，也可增加种植和收获次数。

有的地区为了解决上、下两熟作物收获和播种季节上的矛盾，清代创造发明了几种特殊的栽培技术。这些技术至今在农村中仍有沿用的。

一是小麦移栽法。小麦人工移栽始于何时，尚无明确的文献可证。但到明末清初，对小麦育苗移栽的时间、方法等已有较详细的记述。

有人认为农历八月初，先下麦种。张履祥在《补农书》中进一步指出：

中秋前下麦子于高地，获稻毕，移秧于田，使备秋气。虽遇霜雨妨场功，过小雪以种无伤。

《知本提纲》指出：麦苗等皆宜先栽后浇，如水中栽，就不发旺，每科栽亩十余根，行株距4寸左右，而且要纵横排直成行，以便中耕、壅根、除草和通风透光，这样就能"苗盛而所获必多"。

小麦移栽不仅可以克服晚稻晚收和冬麦早播季节上的矛盾，而且可以减轻或避免虫害、节省种子和使茎秆粗壮不易倒伏。

二是冬月种谷法。此法是针对秋季因某些原因而错过种麦时期所采取的一种补救方法，使农民在麦季无收的情况下仍可以收到早谷子。

河南有些地方农民冬月种谷的方法是，于冬至或冬至前一天直接把谷种播入田中，结果和在瓮内埋入土中处理14天没有差别。

北方旱地抢墒播种。我国北方旱地由于春旱或秋旱影响而不能及时整地下种。针对这种不利自然条件，农民创造和积累了不少抢墒播种和抗旱播种的经验。清代农书中记载的方法有：趁墒种麦；抢墒种豆，留茬肥田；晚谷播种；干土寄子。

趁墒种麦的方法，即在秋茬地上种麦，如果有秋旱趋势，必须抢墒下种等雨，不能等雨再种。

抢墒种豆，留茬肥田的方法，即在小麦收割后，于麦茬行间开沟种豆，这样既可利用麦茬护苗，又可利用残茬肥田。此书还提出且割麦且种豆的办法。

干土寄子抗旱播种法也是农书中提出的。北方旱地夏收夏种季节，如雨水不及时，可采取抗旱保墒的措施以适时播种。种晚谷播种办法是，在麦收后浅耕灭茬，即先耪一遍，然后骑垄种之，但断不可耕垄，以免耕后跑墒。

干土寄子办法是，实在无雨，将前墒过之地，或用耧，或用撒，干种在地内候雨。干土寄子法的优点在于比雨后才播种的出苗要早。

清代对通过施肥来提高单位面积产量的认识更深刻了，如《知本提纲》提出了"垦田莫若粪田"之说。

施肥经验进一步丰富的表现，一是积肥方面，要多施肥就必须多

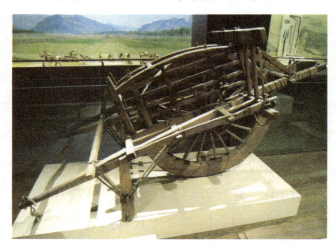

积肥，肥料种类和来源比以前增加和扩大了许多。《知本提纲》将它们分为10类，称为"酿造十法"，也就是积肥的10种方法：

日人粪、日牲畜粪、日草粪、日火粪、日泥粪、日骨蛤灰粪、日苗粪、日渣粪、日黑豆粪、日皮毛粪。

并分别记述了积制方法和效果。就农家粪肥而言，这10大类已是无所不包了。

还有对肥效的体验进一步加深。《知本提纲》在介绍"酿造十法"中对粪肥等级所表达的方式：一种是用"可肥美"，"可肥田"，"可强盛"的词语；另一种是"一等粪"，"肥盛于诸粪"，"最能肥田"，"更胜于油渣"，"沃田极美"等字句，也反映出农民体会到这些肥料在肥效上有差别。只有肥料种类增多，人们在使用中通过比较试验，才会体会到它们的肥效不同。

在施肥技术上，清以前对施肥的时间、不同土壤应施哪些不同的肥料以及哪种作物最需要哪类肥料，即所谓施肥中的"三宜"问题已有所论述，但到清代通过《知本提纲》一书的总结，使人们对施肥"三宜"的认识就更为明确系统了。

所谓"时宜者，寒热不同，各应其候"，即在不同时期，施用种类不同的肥料；所谓"土宜者，气脉不一，美恶不同，随土用粪，如因病下药"，就是说对不同的土壤，施用不同的肥料，以达到改良土壤的目的；所谓"物宜者，物性不齐，当随其情"，即对不同作物施以适合的粪肥。

清代对作物虫害的防治比较重视，认识到害虫不是神虫，而是"凶荒之媒，饥馑之由"，必须消灭之。在虫害防治技术上，也汇集前人经验并加以发展：

首先是人工防治。如蝗蝻、豆虫、蚜蚄之类用人工加以捕打，或用炬火驱逐。

其次是药物防治。清时采用的灭虫药有砒霜、烟草水、青鱼头粉、柏油、芥子末等。蒲松龄的《农桑经》记载说种谷"用信乾"，"信乾"就是用砒霜和谷子煮透晒干制成的毒饵。

再次是农业防治。比如耕翻冬沤，调节田间温湿度，轮作换茬，合理间作，种子处理，选育抗虫品种，调节播植时间，中耕除草等。

最后是生物防治。岭南地区用蚁防治柑橘害虫，当地人把大蚁连窠采归饲养，果农则向养蚁人买来放养于柑橘、柠檬等果树上。

果农们还创造了在树与树之间用藤竹、绳索沟通引渡，以便大蚁在各树之间交通往来的方法。此外，四川临江的果农也买蚁防治柑橘害虫。

作物病害，到清代逐渐被人们所注意，农书中有关记载多了起来，如祁

寓藻《马首农言》中就有"五谷病"一章。

用药物治病，直到清末的冯绣《区田试种实验图说》中才介绍了"用雪水、盐水浸种"和"用黑矾当做肥田料"以防治霉病之法。

清代记载涉及植树造林材料的书约有40种左右。这些著作反映了当时的植树造林技术，不过其中大部分是关于果树的，一般林木仅有片断零星的记述，但由此也可窥见其概貌。

一是育苗造林。首先必须采收成熟树种。成熟的种子，含水量较低，贮藏不易发热腐烂。成熟种子用来育苗发芽率较高。什么树的种子，何时成熟而应该采种，清代人们已积累了丰富的经验。

二是转垛法造林。于霜降后到春初树木尚未发芽前，在根旁又宽又深地将土挖开，再从树根侧面斜伸下去截断主根，保留四周侧根，刨成一个圆形的根盘；然后在掘开处仍把土盖上筑实。

不太大的树掘断主根一年后即可移栽，很大的树要经过3年。每年掘树根的一面，最后把树起出，用稻草绳捆扎根盘，以固定泥土。

此时暂勿移动，掘土处仍用松土填满，并用肥水浇灌，待至明年二月，运到预定地点栽种。这种方法因准备工作经过时间长，操作又十分细致，因而树木移植后成活率就比较高。

三是插条造林。这一方法无须培育种苗，方法简单易行。扦插的插穗，在清以前的农书中一般都说在早春季节采取插穗。但清代有的农学家认为初冬时枝条中含有养分比较充足，

我国是世界上生产柞蚕茧最多的国家，也是人工放养柞蚕最早的国家。明末清初，我国的柞蚕放养技术已逐步进入成熟的阶段，但到乾隆初年才有论述放养柞蚕技术的专书问世。根据清代一些著作来看，柞蚕的放养有两种：一是放养春蚕；一是放养秋蚕，两者放养法基本上近似。

春蚕的放养，首先是选择种茧，选出优茧作为种茧，并按雄雌为100与110或120之比穿成茧串，送温室进行暖茧。"暖茧"系为促使种茧适时羽化而采取的措施。

　　在暖茧的三四十天里，什么阶段应升温，什么时间温度应保持平稳，又要随着自然气温的变化而调节。这是柞蚕放养技术上的一大进步。因为暖茧工作必须有丰富经验，所以清代有些蚕农以暖茧为职业，开设"烘房"和"蛾房"。

　　关于放养蚁蚕采用"河滩养蚁法"，清代中叶以前就有了。其法是在"活水河边"沙滩上开挖浅水沟，把从柞树上摘下的嫩柞枝密插沟内，用沙培壅，这样柞枝几天内不致蔫萎。然后将蚁蚕引上柞枝。

　　"剪移"是放养柞蚕中的一项重要工作。即蚕儿将柞叶吃到一定程度时，或因叶质老硬，蚕儿厌食时，把柞枝连蚕剪下，转移到另一柞场的柞枝上去。

　　从蚁蚕上树到结茧，一般要移蚕六七次。蚕儿渐老熟，开始移入窝茧场。采收的春茧准备作种用的，经挑选后，穿成茧串，挂在透风凉爽而日光直射不到之处，以待制种，放养秋蚕。

　　蚕农在实践中认识到蚕病是要传染的，所以特别强调蛾筐等工具每年都须用新制的。他们又发现改善蚕儿生活条件，可以减少蚕病的发生，所以特别注意保种、保卵和加强饲养管理。对危害柞蚕的虫蚁，采用人工捕杀和用红矾、白砒等做成毒饵诱杀。为了驱散或捕杀为害柞蚕的鸟兽，蚕农们还创造了一些捕杀工具，如霹、机竿、排套、网罩、鸟枪、鸟铳等。总之，放养期间，蚕农们十分辛苦。

清代的农书约有100多部，尤以康熙、雍正两朝为繁盛。大型综合性农书仅有一部《授时通考》，是1737年由乾隆帝召集一班文人编纂的。全书规模比《农政全书》稍小。因是皇帝敕撰的官书，各省大都有复刻，流传很广，国际上也颇有声名。

《授时通考》全书布局，依次分为：天时、土宜、谷种、功作、劝课、蓄聚、农余、蚕桑八门。该书把天时、地利的因素和"劝课"提到了空前高度，成为主题所在，而生产技术知识却退列附从地位。

全书引用的书籍总数达到427种，远远超过了《农政全书》，但作为农书的意义来说，没有作者的亲身体会，没有什么特殊的新材料。

从清初到道光时，专门讨论一个小地区农业生产特点和技术，而由私人著作的小型农书出现不少。如专论河北省泽地农业的吴邦庆的《泽农要录》、山西祁寯藻的《马首农言》、陕西杨屾的《知本提纲》和《修齐直

指》等，都是根据地区需要和特点写成的，在当地有较大的生产指导意义。

清中叶以前曾出现了多种专论某种作物、蚕桑或兽医的专业农书，其中有《棉花图》、《金薯传习录》、《养耕集》、《抱犊集》等。

花谱、果谱的种类更多，比较有名的两种花谱，一是《秘传花镜》，一般称之为《花镜》，流传较广，作者陈淏子。

全书共分花历新栽、课花18法、花木类考3个主要部分。书中内容有不少是作者自己的心得和询问得来的经验，甚至有"树艺经验良法，非徒采纸上陈言"的第一手记录。

1708年，康熙帝下令组织一班大臣将明代《二如亭群芳谱》改编成为100卷的《广群芳谱》。这部书内容庞杂，体裁也有所改进，但农业生产意义不大。

拓展阅读

蒲松龄知识渊博，通晓中药，熟知医理，对农业和茶事深有研究。他在自己的住宅旁开辟了一个药圃，种了不少中药，其中有菊和桑。

他广泛收集民间药方，在此基础上调制成一种药茶兼备的菊桑茶，既可以止渴，又能健身治病。

蒲松龄就是用这种药茶泡茶，在家乡柳泉设了一个茅草亭，为过往行人义务供茶，路人喝茶时，他就请饮茶者讲故事和见闻。

他的《聊斋志异》中490多篇小说，多是经由这样的方式搜集的素材。